Die Königlich Preußischen

Maschinenbauschulen

ihre Ziele und ihre Berechtigungen,
sowie ihre Bedeutung für die Erziehung und wirtschaftliche
Förderung des deutschen Techniker-Standes.

Nebst Ratschlägen für den Besuch der Maschinenbauschulen.

Von

Dr. Siegfried Jakobi,

Oberlehrer der Kgl. vereinigten Maschinenbauschulen Elberfeld-Barmen.

Mit 15 Abbildungen im Text.

Springer-Verlag Berlin Heidelberg GmbH 1905

ISBN 978-3-662-32367-0   ISBN 978-3-662-33194-1 (eBook)
DOI 10.1007/978-3-662-33194-1

Inhalt.

		Seite
I.	Einleitung	1
II.	Die Entwicklung der preußischen Maschinenbauschulen und ihre Beziehungen zu den anderen höheren Lehranstalten	4
III.	Vor der Berufswahl und die Vorbereitung für den Maschinenbauschul-Unterricht	18
IV.	Die Anforderungen des Unterrichts an den Maschinenbauschulen	29
V.	Die baulichen Einrichtungen der Maschinenbauschulen	49
VI.	Die Lebensführung der Schüler	103
VII.	Die Reifeprüfungen. — Nach der Schulzeit	121
VIII.	Schlußwort	130
IX.	Anhang: Auszug aus den ministeriellen Bestimmungen über die Maschinenbauschulen. — Muster für die Ausfüllung des Anmeldescheines	132

I. Einleitung.

Der hochbedeutende Aufschwung, den die Industrie unseres Vaterlandes in allen ihren Zweigen im Laufe der letzten Jahrzehnte genommen hat, veranlaßt alljährlich zahlreiche junge Leute, sich dem Techniker-Beruf zu widmen, und zwecks Erlangung der dazu erforderlichen theoretischen Kenntnisse eine Maschinenbauschule zu besuchen.

Trotzdem derartige Anstalten jetzt schon seit verhältnismäßig langer Zeit bestehen, machen wir Lehrer doch fortgesetzt die Erfahrung, daß sowohl bei den sich anmeldenden und neu eintretenden Schülern, wie auch bei deren Eltern, über Zweck, Ziel und Bedeutung der Kgl. preußischen Maschinenbauschulen eine merkwürdige Unklarheit herrscht; noch auffallender ist es aber, daß selbst sehr viele in der Praxis tätige Ingenieure, sowie auch zahlreiche Fabrikanten über den wirklichen Charakter dieser Bildungsanstalten eine ganz falsche Vorstellung haben.

In der vorliegenden Schrift beabsichtige ich nun, den Schülern und deren Eltern, wie überhaupt allen am gewerblichen Schulwesen interessierten Kreisen, in die Einrichtungen der Kgl. preußischen Maschinenbauschulen in ausführlicher Weise Einblick zu verschaffen. Ich werde daher die vom Herrn Minister für Handel und Gewerbe erlassenen Vorschriften über die Aufnahmebedingungen an den Kgl. preußischen Maschinenbauschulen besprechen, ferner die Anforderungen des Unterrichts und die Zukunftsaussichten der Schüler nach bestandener Reifeprüfung (Abschlußprüfung).

Diese Fragen werden aber nur einen Teil der Aufgabe bilden, die ich mir in den nachfolgenden Ausführungen gestellt

habe; ich beabsichtige vielmehr auch auf die große wirtschaftliche Bedeutung unserer Schulen einzugehen, sowie durch
einige geeignete Ratschläge dem jungen Techniker den Weg
zu ebnen und ihm zu zeigen, wie er die Zeit vor, während
und nach dem Besuch einer Kgl. Maschinenbauschule am
zweckmäßigsten verwendet, und wie er die vielseitigen Gelegenheiten zum Lernen, welche die Schule ihm in Vorträgen
und Übungen bietet, am vorteilhaftesten zur Bereicherung
seines Wissens im allgemeinen, wie im besonderen, aus-
nutzen kann.

Allerdings werde ich auch genötigt sein, auf die persönliche Lebensführung der Schüler einzugehen, und zwar aus
folgendem Grunde: Die Maschinenbauschulen haben nicht im
gleichen Umfange und in einem ganz anderen Sinne erzieherisch
zu wirken, wie die allgemeinen höheren Schulen (Gymnasien,
Realschulen usw.); denn die Maschinenbauschüler sind er-
wachsene Leute, und deren Erziehung zu charakterfesten
Menschen muß dementsprechend als abgeschlossen betrachtet
werden. Deshalb beschränken die Maschinenbauschulen ihre
erzieherischen Aufgaben auf die Förderung derjenigen persönlichen Eigenschaften hauptsächlich, welche dem zukünftigen
Techniker für sein gedeihliches Fortkommen unentbehrlich
sind; im übrigen wirken unsere Anstalten lediglich belehrend.

Es gibt aber erfahrungsmäßig unzählige Gelegenheiten,
wo ein, oft nur durch Unkenntnis bedingtes, unrichtiges Verhalten des jungen Mannes den Erfolg des Schulbesuches sehr
wesentlich beeinträchtigt und vielleicht sogar zu einem voll-
ständigen Mißerfolge führen kann. Ich möchte daher auch
in dieser Hinsicht dem Schüler in seinem eigensten Interesse
einige Ratschläge erteilen und ihn vor Klippen warnen, die
seinem Werdegang nachteilig oder gar verhängnisvoll werden
könnten.

Wenn es mir in dieser Schrift gelingen wird, durch Erörterung aller dieser Fragen bei den Schülern und bei deren
Eltern das richtige Verständnis für den Zweck und die Bedeutung unserer Kgl. preußischen Maschinenbauschulen zu
fördern, so haben meine Ausführungen ihren Zweck voll und
ganz erfüllt.

Schließlich sei es mir noch gestattet, auch an dieser Stelle, meinen allerehrerbietigsten Dank Herrn Geh. Ober-Regierungsrat Oskar Simon, vortragendem Rat im Kgl. preußischen Ministerium für Handel und Gewerbe in Berlin, auszusprechen, welcher es mir in liebenswürdigster Weise genehmigt hat, geschichtliche Angaben, welche in der vorliegenden Schrift enthalten sind, seinem Werke „Die Fachbildung des preußischen Gewerbe- und Handelsstandes im 18. und 19. Jahrhundert" zu entnehmen.

II. Die Entwicklung der preußischen Maschinenbauschulen und ihre Beziehungen zu den anderen höheren Lehranstalten.

Bevor wir nun auf die gegenwärtigen Einrichtungen der preußischen Maschinenbauschulen eingehen, wollen wir zunächst sehen, wie diese Anstalten allmählich entstanden sind; denn nur aus der geschichtlichen Entwicklung heraus kann man das Wesen und die Bedeutung der genannten Schulen voll und ganz würdigen und erkennen.

Die den verschiedensten Zwecken dienenden Schulen des preußischen Staates kann man in zwei Hauptgruppen einteilen, nämlich einerseits solche, welche dem allgemeinen Unterricht gewidmet sind; diese unterscheiden sich durch ihr Lehrziel bekanntlich als Gymnasien, Realgymnasien, Oberreal- und Realschulen, Mittelschulen und Volksschulen. Andererseits haben wir aber Bildungsanstalten, welche zur Vorbereitung für irgend einen bestimmten Beruf dienen, und die man erst nach abgeschlossener Allgemeinbildung besuchen kann. Hierher gehören vor allem die Universitäten (zur Ausbildung von Geistlichen, Richtern, Ärzten, Lehrern usw.), dann die Technischen Hochschulen (zur Ausbildung von Ingenieuren, Architekten und Chemikern), ferner die Handelshochschulen (für Kaufleute) und endlich die gewerblichen Schulen, wie Maschinenbau-, Baugewerk- und Kunstgewerbe-Schulen, sowie Bergschulen und Textilschulen.

Zu Anfang des 18. Jahrhunderts gab es in Preußen eigentlich nur drei Arten von Schulen: [1]) Die Gelehrtenschulen, welche

---

[1]) Die nachfolgenden geschichtlichen Angaben sind zum Teil, wie erwähnt, dem Werke: „Die Fachbildung des preußischen Gewerbe- und Handelsstandes im 18. und 19. Jahrhundert" von Geh. Ober-Regierungsrat Oskar Simon, vortragendem Rat im Kgl. preußischen Ministerium für Handel und Gewerbe, entnommen.

unseren heutigen Gymnasien entsprechen, hatten die Aufgabe, für die sogenannten „gelehrten Berufe" vorzubereiten, für welche die besondere Fachausbildung auf der Universität erfolgte. Andererseits hatte man damals nur noch die „Handwerkerschulen", welche man aber nicht etwa mit den heutigen, unter diesem Namen bekannten Lehranstalten verwechseln darf; es waren dies vielmehr Volksschulen, die jenen Namen dem Umstande verdankten, daß dort der Unterricht im Lesen, Schreiben und Rechnen nicht von Lehrern erteilt wurde, welche für diesen Beruf besonders ausgebildet waren und ihn als Lebensaufgabe betrachteten, sondern es waren vielmehr Handwerker, welche ihre freie Zeit zum Unterrichten verwendeten.

Erst ganz allmählich wurden der Volksschule fachlich ausgebildete Lehrer zugeführt; später folgte dann die Einrichtung des Schulzwanges, durch welchen die Eltern verpflichtet wurden, ihre Kinder, vom sechsten Lebensjahre an, in die Volksschule zu schicken. Heute ist die Schulpflicht vom sechsten bis vierzehnten Lebensjahre ausgedehnt.

Es war dies der erste große und segensreiche Fortschritt auf dem Gebiete des preußischen Schulwesens, und in der Folge hat es sich auch bei uns bestätigt, was uns die Geschichte aller Zeiten und Länder lehrt, daß die Wohlfahrt eines Volkes mit dessen Bildungsgrad Hand in Hand wächst und gedeiht.

Eine vollständige Durchführung des Schulzwanges in allen Teilen unserer Monarchie wurde jedoch erst zu Anfang des 19. Jahrhunderts möglich.

Als nun später auch für den Kaufmann, wie für den Techniker, eine geeignete Vorbildung notwendig wurde, bei welcher im Gegensatz zu den Lehrplänen des Gymnasiums, nicht auf alte Sprachen (Griechisch und Lateinisch) und auf die Geschichte des Altertums der Hauptwert gelegt werden durfte, sondern auf die lebenden Sprachen (Französisch und Englisch), sowie auf die Pflege der Naturwissenschaften und anderer für das praktische Leben wichtiger Dinge, traten als weitere höhere Lehranstalten das Realgymnasium, die Oberrealschule und die Realschule hinzu. — Beim Realgymnasium hat man am lateinischen Unterricht noch festgehalten, während bei den Oberreal- und Realschulen der Unterricht in modernen Sprachen, Mathematik und Naturwissenschaften und auch im Zeichnen im Vordergrund des Interesses steht.

Um das Streben nach höherer Schulbildung bei der Bevölkerung noch weiter zu fördern, wurde im Jahre 1814 die Berechtigung, als Einjährig-Freiwilliger im Heere zu dienen, eingeführt, die bekanntlich demjenigen gewährt wird, welcher ein Gymnasium oder eine realistische Anstalt sechs Jahre lang, also bis Untersekunda, erfolgreich besucht hat.

Diese Einrichtung sollte also zunächst gewissermaßen eine Prämie für diejenigen sein, welche sich eine weiter gehende Schulbildung angeeignet hatten. — Heute freilich, nach beinahe 100 Jahren, wo sich unser Erwerbsleben zu nie geahnter Größe und Bedeutung entwickelt hat, und daher auch sehr viel höhere Ansprüche an das Wissen und Können des einzelnen gestellt werden, dürfte wohl jeder junge Mann von selbst die Einsicht haben, daß die Erlangung einer besseren Schulbildung in seinem eigensten Interesse liegt, weil jetzt die Lebensstellung und die ganze Zukunft des Menschen sehr wesentlich davon abhängt, was er gelernt hat. — Hierbei bin ich aber weit davon entfernt, die Erlangung desjenigen Wissens, welches einem die Berechtigung sichert, als Einjährig-Freiwilliger im Heere zu dienen, als erstrebenswertestes Ziel zu betrachten. Ein junger Mann, welcher mit gutem Erfolge die Volksschule besucht und sich dann mit Fleiß und Ausdauer der Erlernung eines gewerblichen Berufes gewidmet hat, wird es sicher weiter bringen, als ein anderer, welcher mit Mühe und Not das Einjährigenzeugnis erlangt hat und dann ins praktische Leben tritt.

Ein Sprichwort sagt nun wohl: „Wissen ist Wohlstand"; umgekehrt bedingt aber Wohlstand noch lange nicht Wissen, denn um dieses zu erlangen, sind Begabung, Fleiß und Ausdauer in hohem Maße erforderlich. — Es ist daher vollkommen falsch, zu glauben, daß die Erlangung einer höheren Bildung nur den Söhnen wohlhabender Eltern möglich ist; unsere Schuleinrichtungen sind heute vielmehr derartige, daß ein jeder strebsame junge Mann, auch wenn er minder begütert ist, sich leicht und ohne allzu große materielle Opfer, dasjenige Wissen aneignen kann, welches für sein gesichertes und sorgenfreies Fortkommen notwendig ist.

Aber auch in dieser Richtung könnte es leicht ein „Zuviel" geben. Es wäre z. B. vollständig falsch, wenn jeder dahin streben wollte, seine Ausbildung bis zur höchsten Stufe, dem Hochschulstudium, fortzusetzen. Zu letzterem sind nur die allerbegabtesten jungen Leute geeignet, außerdem bedingt die Beendigung einer Hochschule immer noch nicht ohne weiteres eine bessere wirtschaftliche Stellung im späteren Beruf; denn da entscheidet vielmehr die persönliche Begabung und praktische Erfahrung. — Es ist dies ein außerordentlich wichtiger Gesichtspunkt, auf den ich später nochmals zurückkomme. Bevor ich aber jetzt auf die Entwickelung der gewerblichen Schulen eingehe, möchte ich vor einem Irrtum warnen, in welchem viele Eltern leider noch befangen sind, indem sie ihren Söhnen damit etwas gutes zu tun glauben, wenn sie dieselben ihrer Schulpflicht auf einem Gymnasium oder einer Realschule genügen und sie dann mit vollendetem 14. Lebensjahre einen praktischen Beruf ergreifen lassen.

Es ist dies grundfalsch, weil die jungen Leute bis zur Untertertia, welche Klasse sie bis zu jenem Alter im günstigsten Falle erreichen, keine in sich abgeschlossene Bildung erhalten, was erst nach Besuch der Unter-Sekunda der Fall sein würde. Daher treten die jungen Leute, welche nur einige Jahre auf einer höheren Schule waren, viel schlechter vorbereitet ins praktische Leben, als wenn sie die Volksschule bis zu Ende durchgemacht, oder was für den Technikerberuf ganz besonders empfehlenswert ist, eine Mittelschule besucht hätten. — Dies wird auch durch die Erfahrung bestätigt, die wir häufig an unseren Maschinenbauschulen machen, nämlich, daß diejenigen Schüler, welche ihre Vorbildung auf der Tertia einer höheren Schule abgeschlossen haben, außerordentlich selten unsere Lehranstalten mit gutem Erfolg besuchen.

Wenden wir uns nun zur Entwickelung der gewerblichen Schulen, so ist zunächst zu erwähnen, daß ihre ersten Anfänge der Zeit entstammen, in welcher durch Einführung maschineller Einrichtungen die Leistungsfähigkeit aller gewerblichen Betriebe ganz außerordentlich erhöht wurde. — Jene Zeit möchte ich gewissermaßen als diejenige bezeichnen, in welcher sich eine der größten Umwälzungen in der kulturellen Entwickelung des Menschengeschlechts vollzog. Die Maschine ersetzte die rohe körperliche Kraft des einzelnen, desto höhere Ansprüche werden daher aber seit jener Zeit an die geistigen Kräfte des Menschen gestellt, an seine persönliche Geschicklichkeit und an sein Wissen und Können. — Durch Einführung des mechanischen Betriebes konnte sich nun die Industrie bedeutend vielseitiger und umfangreicher entwickeln, so daß die Zahl der in der Technik tätigen Personen durch Einführung der Maschine sich nicht, wie man befürchtet hatte, verminderte, sondern im Gegenteil, sehr bald um ein Vielfaches vermehrte. — Daher wurde nun aber auch das Bedürfnis nach technischen Lehranstalten von Jahr zu Jahr größer.

Abgesehen von den preußischen Kunstschulen, die sich schon im 18. Jahrhundert eines ausgezeichneten Rufes erfreuten, bestand in Berlin seit dem Jahre 1799 als eine besondere Abteilung der Akademie der Künste, die Bauakademie, welcher die Ausbildung von Architekten oblag. — Die erste rein technische Lehranstalt Preußens war aber die Gewerbeschule in Aachen, die dort im Jahre 1817 gegründet wurde. Das Ziel dieser Schule war es, jungen Leuten, welche Maschinenbauer oder Bautechniker werden wollten, den erforderlichen Fachunterricht zu bieten. Allmählich entstanden auch in anderen Städten derartige Schulen, so z. B. in Cöln, Elberfeld, Hagen, Königsberg, Münster, Stettin und Trier. — Durch die Verdienste Beuths wurden diese Lehranstalten seit dem Jahre 1820 nach einheitlichen Lehrplänen eingerichtet und entsprachen in ihren Endzielen in technischer Hinsicht zunächst ungefähr dem Unterricht, wie er heute auf einer Werkmeisterschule erteilt wird. Im Jahre 1821 wurde in Berlin das „Technische Institut" eröffnet, 1827 erhielt dasselbe den Namen „Gewerbe-Institut". In dieser Schule wurde der Unterricht der Gewerbeschulen fortgesetzt und erweitert, hier brachte der Maschinenbauer, sowie der Chemiker, seine fachliche Ausbildung zum Abschluß. Der Bautechniker dagegen ging auf die erwähnte Bauakademie in Berlin. Hierdurch erwuchs also nun den Gewerbeschulen die doppelte Aufgabe, nicht nur junge Leute für die Technik auszubilden, sondern auch für den Besuch des Gewerbe-Institutes bezw. der Bauakademie vorzubereiten.

Das Gewerbe-Institut hatte einen dreijährigen Lehrgang, welcher in seinen Endzielen zunächst demjenigen unserer höheren Maschinenbauschulen ungefähr entsprach. Mit dem Aufblühen der technischen Wissenschaften änderten sich allerdings diese Verhältnisse bald sehr wesentlich, die Lehrpläne erfuhren eine Erweiterung, der Schüler wurde Studierender; denn er sollte sich von da an nicht nur die vorhandenen Ergebnisse der technischen Wissenschaften aneignen, sondern auch zu selbständigem Forschen angehalten werden. Dadurch kam das „Gewerbe-Institut" in seinen geistigen Zielen den Universitäten immer näher, was auch äußerlich dadurch zum Ausdruck gelangte, daß im Jahre 1866 die genannte Anstalt zur „Gewerbe-Akademie" erhoben und letztere im Jahre 1879 mit der 1799 gegründeten Bauakademie zur „Technischen Hochschule" vereinigt wurde. Im ganzen bestehen bis jetzt in Preußen vier technische Hochschulen, nämlich außer in Berlin, in Aachen, Hannover und Danzig, eine fünfte wird demnächst in Breslau eröffnet. Die technischen Hochschulen sind heute mit den Universitäten im Range vollständig gleichgestellt.

Kehren wir nochmals zu den Gewerbeschulen, wohl auch Provinzialgewerbeschulen genannt, zurück, so ist zu erwähnen, daß dieselben die eigentlichen Mutteranstalten unserer heutigen Maschinenbauschulen geworden sind, welch letztere sich aber von den erstgenannten Schulen hauptsächlich auch dadurch sehr wesentlich unterscheiden, daß der junge Mann vor Beginn des theoretischen Unterrichts erst eine längere praktische Ausbildung in einer Werkstatt für Maschinenbau durchmachen muß.

Lange Jahrzehnte hindurch haben die Gewerbeschulen segensreich für die industrielle Entwickelung unseres Vaterlandes gewirkt, indem sie der Technik zahlreiche tüchtige und vielseitig gebildete Hilfskräfte zuführten; noch heute gibt es unter der älteren Generation unserer Ingenieure viele in der Wissenschaft, wie im Betriebe, hervorragend bewährte Fachgenossen, welche sich in steter Dankbarkeit der Lehrzeit erinnern, die sie an jenen Unterrichtsanstalten einst durchgemacht haben.

Im Laufe der Zeit haben sich aber auch die Verhältnisse an den Gewerbeschulen sehr wesentlich geändert. — Trotz mehrfacher Umgestaltung ihrer Lehrpläne, wurde es doch von Jahr zu Jahr schwieriger, an ein- und derselben Lehranstalt beiden Aufgaben gerecht zu werden, nämlich sowohl für das Hochschulstudium, wie auch für den direkten Eintritt in die Praxis, in geeigneter Weise vorzubereiten. So kam es, daß allmählich die meisten Gewerbeschulen in Oberreal- und Realschulen übergingen, welche zum Teil noch technische Fachklassen nebenbei unterhielten, so z. B. in Aachen, Barmen, Cöln, Hagen und Gleiwitz.

In neuester Zeit sind nun fast aus allen Fachklassen jener Lehranstalten Kgl. preußische Maschinenbauschulen entstanden, und zwar unterstehen dieselben, wie alle gewerblichen und Handelsschulen, dem Herrn Minister für Handel und Gewerbe, während bekanntlich die anderen allgemein bildenden Schulen (Gymnasien, Realschulen usw.) dem Herrn Minister der geistlichen, Unterrichts- und Medizinal-Angelegenheiten zuerteilt sind.

Zur Zeit der Wiederaufrichtung des Deutschen Reiches gab es in Preußen für Maschinenbauer nur die oben erwähnten Fachklassen in Verbindung mit Oberreal- und Realschulen, außerdem hatten die Baugewerkschulen in Buxtehude, Eckernförde und Idstein für Maschinenbauer besondere Fachabteilungen, welche aber infolge zu geringen Besuches bald wieder eingingen.

Die erste selbständige Maschinenbauschule wurde in Einbeck als städtisches Institut im Jahre 1871 gegründet, 1879 folgte die Stadt Cöln mit der Errichtung einer Maschinenbauschule, als besondere Abteilung der dortigen gewerblichen Fachschulen.

Im Jahre 1881 wurde in Bochum die Rheinisch-Westfälische Hüttenschule gegründet, welche, außer Hüttentechnikern, in einer besonderen Abteilung auch Werkmeister für die Maschinenindustrie ausbildete. Diese technische Lehranstalt, welche übrigens 1891 nach Duisburg verlegt wurde, ist somit die erste Werkmeisterschule in Preußen. Die Werkmeisterschulen werden jetzt Kgl. Maschinenbauschulen genannt im Gegensatz zu den Kgl. Höheren Maschinenbauschulen, welche im Laufe der letzten Jahre ebenfalls in größerer Zahl gegründet wurden, und zwar haben diese letzteren Anstalten wesentlich weiter gehende Lehrziele als die Maschinenbauschulen.

Wir haben demnach jetzt zu unterscheiden einerseits Maschinenbauschulen, andererseits Höhere Maschinenbauschulen und endlich vereinigte Maschinenbauschulen, welche durch Verbindung der beiden erstgenannten Schulgattungen zu einer Anstalt entstanden sind.

Nachdem die Verstaatlichung der meisten städtischen Maschinenbauschulen nunmehr durchgeführt ist, haben wir in Preußen folgende staatliche Lehranstalten für Maschinenbau:

A) Höhere Maschinenbauschulen in Aachen, Altona, Einbeck, Hagen, Kiel, Posen und Stettin;

B) Vereinigte Maschinenbauschulen in Cöln, Elberfeld-Barmen, Dortmund und Magdeburg;

C) Maschinenbauschulen in Görlitz, sowie in Duisburg und Gleiwitz. Beide letztgenannten Anstalten sind gleichzeitig Hüttenschulen.

Mit der höheren Maschinenbauschule in Kiel sind Abteilungen für Schiffbau und Schiffsmaschinenbau und ferner ist mit der Höheren Maschinenbauschule in Stettin eine Seemaschinistenschule verbunden. Lehranstalten letzterer Art bestehen außerdem noch in Flensburg und Geestemünde. Ferner sei erwähnt, daß an die Handwerker- und Kunstgewerbeschule in Hannover eine städtische Maschinenbauschule angeschlossen ist.

Die höheren Maschinenbauschulen haben die Aufgabe, junge Leute von guter allgemeiner Schulbildung (Reife für Obersekunda) durch den Unterricht derartig zu fördern, daß sie nach erfolgreicher Beendigung der Schule als Konstrukteure oder als Beamte und Leiter technischer Betriebe ihre sichere Zukunft finden können. — Während nun bei den genannten Anstalten das Hauptgewicht auf die Ausbildung der Schüler zu Konstrukteuren gelegt wird, strebt man bei den Maschinenbauschulen (Werkmeisterschulen) dahin, junge Leute von guter Volksschulbildung und mindestens vierjähriger Praxis, vornehmlich für den Betrieb heranzubilden zu selbständigen Werkmeistern, Maschinenmeistern und Leitern kleiner Werkstätten.

Natürlich können die jungen Leute auch von der niederen Maschinenbauschule aus ins Zeichenbureau gehen, vorzugsweise sind sie aber für den Betrieb geeignet.

Es ist übrigens ein vielfach verbreiteter Irrtum, daß unsere Schulen nur für die Maschinenbauindustrie selbst ausbilden; die jungen Leute, welche auf unserer höheren oder niederen Abteilung die Reifeprüfung bestanden haben, können vielmehr in jedem Werke mit größeren maschinellen Anlagen eine Zukunft finden, wie z. B. in Spinnereien, Webereien, chemischen Fabriken, Zuckersiedereien und in der elektrotechnischen Industrie, ferner in Gas-, Wasser- und Elektrizitätswerken u. a. m.

Hierzu sei noch bemerkt, daß eben die Maschinenbauschulen keine „Fachschulen" in des Wortes ursprünglichster Bedeutung sind; denn sie haben die Aufgabe, den jungen Leuten die Kenntnisse aus dem Gebiete des Maschinenbaus in möglichst allgemeiner und vielseitiger Form zu geben, und auf diesen Grundlagen soll sich dann der Techniker nach seinem Wiedereintritt in die Praxis Spezialkenntnisse in einem bestimmten Zweige des Maschinenbaues erst aneignen.[1] — Wohl werden auf unseren Schulen z. B. Dampfmaschinen, Gießerei, Elektrotechnik u. a. m. mit großer Gründlichkeit durchgenommen, darum sind aber die Absolventen der Maschinenbauschulen noch lange nicht Spezialfachleute für Dampfmaschinenbau,

---

[1] Um hier nicht mißverstanden zu werden, sei noch erwähnt, daß diese Weiterbildung in der Praxis selbstverständlich in besoldeten Berufsstellungen erfolgt.

Gießereibetrieb oder Elektrotechnik. — Dies wäre ein Ziel, das sich keine dem Unterricht im Maschinenbau gewidmete Lehranstalt setzen darf, ohne Gefahr zu laufen, durch den Fehler zu weitgetriebener Spezialisierung, das Hauptziel nicht zu erreichen, nämlich die Vermittelung gründlicher allgemeiner Kenntnisse der Maschinentechnik.

Ganz andere Ziele haben z. B. die Schulen für Kleineisen- und Stahlwarenindustrie in Schmalkalden, Siegen, Solingen und Remscheid. Die genannten Lehranstalten sind eigentliche Fachschulen, in welchen Schlosser, Schmiede und Dreher, speziell für die Kleineisen- und Stahlwarenindustrie ausgebildet werden, wobei zur Erlangung der notwendigen praktischen Fachkenntnisse ein besonderer Werkstattunterricht erteilt wird. — Die auf diesen Schulen ausgebildeten jungen Leute sind dann natürlich hauptsächlich für die genannten Industriezweige geeignet.

An der Mehrzahl der Kgl. Maschinenbauschulen besteht zur Zeit auch noch eine Abteilung unter dem Namen: „Abend- und Sonntagsschule für Maschinenbauer", in welcher Lehrlinge und Gehilfen der Maschinenindustrie Gelegenheit finden sollen, nach Feierabend und am Sonntag vormittags, sich diejenigen Fachkenntnisse anzueignen, welche ihnen das Vorwärtskommen in ihrem Beruf wesentlich erleichtern. Außerdem ist dieser Abend- und Sonntags-Unterricht eine zweckmäßige Vorbereitung für den späteren Besuch der Tagesklassen der Maschinenbauschulen. — Somit ist also diese Abend- und Sonntagsschule für Maschinenbauer eine besondere Art der Fortbildungsschulen.

Der Gedanke, den jungen Leuten das in der Volksschule erlangte Wissen durch Wiederholungskurse zu erhalten, ist in Preußen bereits sehr alt, er reicht bis zur Zeit Friedrichs des Großen zurück. — Heutzutage sind die Fortbildungsschulen fast überall obligatorisch, d. h. es besteht für den Besuch der Fortbildungsschule der gleiche Zwang, wie für die allgemeine Volksschule. Was die Lehrziele der Fortbildungsschule anbetrifft, so sollen sie zunächst, wie erwähnt, die Kenntnisse in den Elementarfächern, also das auf den Volksschulen Gelernte nicht nur erhalten, sondern auch noch erweitern und befestigen. In zweiter Linie ist es aber die Aufgabe der Fortbildungsschulen, jedem jungen Manne die für seinen Fachberuf erforderlichen und notwendigsten theoretischen Unterweisungen zu bieten. Dementsprechend unterscheidet man kaufmännische und gewerbliche Fortbildungsschulen. Was diese letzteren, für den Techniker natürlich besonders wichtigen Schulen anbetrifft, so werden wir im folgenden Abschnitt sehen, in welchen regen Beziehungen dieselben zu den Maschinenbauschulen stehen.

Die segensreiche Wirkung der Fortbildungsschulen zur Förderung und Erhaltung der Volkschulbildung zeigt sich schon jetzt alljährlich bei der Prüfung der allgemeinen Kenntnisse der beim Militär eingestellten Rekruten. Das Ergebnis wird von Jahr zu Jahr günstiger und die Zahl der jungen Leute, welche die Elementarfächer nicht mehr vollständig beherrschen, ist ganz verschwindend gering.

Der Vollständigkeit halber sei noch erwähnt, daß an einigen städtischen Handwerkerschulen z. B. in Berlin, Essen und Halle a. S. zweisemestrige Tageskurse für Maschinenbauer bestehen. Die Lehrziele dieser Kurse liegen zwischen denjenigen der Kgl. Maschinenbauschulen einerseits und der Abend- und Sonntagsschulen andererseits.[1]

Wir haben nunmehr die wichtigsten Arten der allgemeinen Schulen, sowie auch der dem gewerblichen Unterricht gewidmeten, besprochen. Nur eine Art der letzteren ist noch zu erwähnen, welche allerdings in Preußen wohl nicht mehr bestehen, umso zahlreicher dagegen in einigen deutschen Bundesstaaten; ich meine jene Privatschulen, welche unter den Namen „Technikum", „Technisches Institut", „Gewerbe-Akademie" u. a. m. sich ebenfalls mit der Ausbildung von Maschinentechnikern beschäftigen.

Ich würde wohl nicht Veranlassung nehmen, auf diese Anstalten hier überhaupt einzugehen, wenn nicht im großen Publikum zum Teil die ganz verkehrte Vorstellung bestände,

---

[1] Man vergleiche den als Anlage beigefügten Erlaß des Herrn Ministers für Handel und Gewerbe vom 28. November 1901.

daß ein Technikum etwas höheres wäre, wie die preußischen Maschinenbauschulen. Es treten z. B. die Eltern unserer Schüler an die Direktoren und Lehrer unserer Anstalten sehr häufig mit der merkwürdigen Anfrage heran, ob es nicht zweckmäßig wäre, ihre Söhne nach Beendigung unserer Schule zur „Vollendung der Ausbildung" noch ein Technikum besuchen zu lassen.

Diese irrige Meinung kommt offenbar daher, daß die Leiter jener Privatanstalten vielfach anzugeben pflegen, daß sie fertige Ingenieure, womöglich für die allerverschiedensten Spezialindustrien, ausbilden, was aber weder durch die Vorbildung der Technikumsschüler, noch durch den Umfang des an jenen Anstalten erteilten Unterrichts irgendwie gerechtfertigt erscheint; wir hörten ja auch bereits, daß die Schulen für Maschinenbau niemals Spezialfachleute ausbilden dürfen, weil dies stets auf Kosten des Gesamtziels geschehen würde.

Eine andere Ursache für die unrichtige Vorstellung über die Bedeutung der gewerblichen Privatlehranstalten ist offenbar in dem Umstande zu suchen, daß an manchen Techniken den Absolventen Diplome ausgestellt werden, welche ihnen die Bezeichnung als Ingenieur beurkunden, und die jungen Leute nennen sich dann „Diplomingenieure". Auf diesen Titel hat aber nur derjenige einen gesetzlichen Anspruch, welcher an der Technischen Hochschule nach 3—4jährigem Studium die von allen deutschen Bundesstaaten anerkannte Diplomprüfung bestanden hat.

Im Gegensatz zum Diplomingenieur ist die Bezeichnung als „Ingenieur" kein gesetzlicher Titel; dennoch ist es aber im allgemeinen Gebrauch, daß sich nur derjenige Ingenieur nennt, der ein volles Hochschulstudium hinter sich hat, oder wenigstens mehrere Hochschulsemester, sowie eine lange und erfolgreiche Praxis.

Auch an unseren höheren Maschinenbauschulen werden nur Techniker ausgebildet. Wenn sich die jungen Leute dann später „Ingenieur" nennen, nachdem sie sich in der Industrie gut bewährt und auch eine entsprechende gesellschaftliche Stellung erlangt haben, so kann man dies wohl billigen, besonders, wenn man berücksichtigt, daß die Techniker, welche die höhere Maschinenbauschule besucht haben, die Bezeichnung als Ingenieur auch amtlich erhalten, wenn sie längere Zeit bei den Königl. preußischen Staatseisenbahnen im Dienst sind. Wer aber die Reifeprüfung an einer höheren Maschinenbauschule bestanden hat, ist nach allgemeiner Gepflogenheit zunächst nur Techniker, und lediglich diese Bezeichnung kann man daher auch den Absolventen der gewerblichen Privatlehranstalten zubilligen, wenn man den Umfang und den Erfolg des Unterrichts jener Schulen berücksichtigt.

Aber selbst wenn ein Technikum die gleichen Zwecke, wie die preußischen Maschinenbauschulen, verfolgen sollte, müßten gewissenhafte Väter, welche im Zweifel sind, ob sie ihre Söhne einer staatlichen Anstalt oder einem privaten Technikum anvertrauen sollen, auch noch folgendes in Erwägung ziehen:

Die preußischen Maschinenbauschulen erhalten vom Staate ganz erhebliche finanzielle Zuschüsse, welche per Kopf der Schüler gerechnet schon eine ganz bedeutende Summe ausmachen.

Die Privatanstalten dagegen müssen von dem gezahlten Schulgeld, welches für die jungen Leute übrigens, wie wir später sehen werden, dort sehr viel höher ist, als an unseren staatlichen Lehranstalten, nicht nur alle Ausgaben bestreiten, sondern es sollen natürlich noch womöglich Überschüsse erzielt werden. Die Folge davon ist nun, daß an den Privatanstalten an Lehrmitteln und Lehrkräften außerordentlich gespart werden muß, sodaß oft weit über 60 Schüler auf einen Lehrer kommen. An den preußischen Maschinenbauschulen dagegen darf in einer Klasse die Zahl von 30 Schülern nicht überschritten werden. Außerdem wird jede Klasse bei den Laboratoriumsübungen nochmals in zwei Gruppen geteilt.

Es ist doch wohl nun ohne weiteres leicht einzusehen, daß der Erfolg des Unterrichts ein umso größerer sein wird, je geringer die Zahl von Schülern ist, die auf einen Lehrer kommen.

Es sei übrigens noch ausdrücklich hervorgehoben, daß diese Bemerkungen einzig und allein auf die Privatanstalten in den Bundesstaaten Bezug haben und nicht etwa auf die dort befindlichen, von den betreffenden Landesbehörden errichteten und verwalteten gewerblichen Lehranstalten. Letztere verfolgen entweder gleiche oder ähnliche Zwecke wie die preußischen Maschinenbauschulen, oder sie machen es sich besonders zur Aufgabe, junge Leute für das Hochschulstudium vorzubereiten. Ich bin aber nicht in der Lage, auf diese Schulen näher einzugehen, weil meine Ausführungen sich im allgemeinen nur auf die Verhältnisse innerhalb Preußens beziehen sollen.

III. Vor der Berufswahl und die Vorbereitung für den Maschinenbauschul-Unterricht.

In früheren Zeiten war es wohl gebräuchlich, daß schon an der Wiege des Kindes dessen zukünftiger Beruf bestimmt wurde, was für gewöhnlich bedeutete, daß der Sohn dasselbe Gewerbe ergriff, wie sein Vater. Stellte es sich dann später heraus, daß der Junge eine andere Neigung hatte, so empfand man dies als ein großes Unglück, und der Sprößling galt wohl gar als „verlorener Sohn“, selbst wenn er in dem von ihm erwählten Berufe etwas hervorragend Tüchtiges leistete. Heutzutage denkt man in dieser Hinsicht wesentlich anders, man weiß es längst, daß der junge Mann nur in dem Fache vorwärtskommen kann, welches er mit Lust und Liebe ergreift; mit einem Worte, man ist jetzt mehr und mehr geneigt, auf die Individualität, d. h. auf die Eigenart des Sohnes einzugehen.

Es ist nun freilich verhältnismäßig selten, daß ein Junge für einen praktischen Beruf eine besondere Begabung frühzeitig zeigt. Wohl kann schon in jugendlichem Alter ein Talent für gewisse Kunstfertigkeiten, wie Zeichnen und Malen u. a. m., vorhanden sein, oder der Junge ist ein guter Rechner, oder er zeigt Interesse für fremde Sprachen, vielleicht auch für Vorgänge in der Natur, aber die Neigung für den künftigen Beruf wird weitaus meistens durch äußere Nebenumstände bedingt, sei es, daß ein Bekannter oder Verwandter in seinem Fache ein außergewöhnlich gutes Fortkommen gefunden hat, oder auch, daß der Junge durch das Lesen von Büchern für irgend einen Beruf ganz besonders begeistert worden ist.

Die Frage nun, ob ein junger Mann für einen bestimmten Beruf geeignet ist, läßt sich im voraus im allgemeinen außerordentlich schwer entscheiden, ganz besonders schwierig ist aber diese Frage für das Maschinenbaufach.

Grundbedingung ist dafür auf jeden Fall eine gute Gesundheit und kräftige körperliche Entwicklung. In dieser Hinsicht ist z. B. auch zu beachten, daß möglichst große Sehschärfe auf beiden Augen absolut notwendig ist. Sollte es sich dagegen z. B. zeigen, daß der junge Mann bei längerem Zeichnen in gebückter Haltung oft Kopfweh und Rückenschmerzen bekommt, oder während der praktischen Arbeit beim Schmieden leicht ein Krampf in der Schulter und im Oberarm eintritt, so ist es dringend zu raten, baldmöglichst zu einem anderen Beruf überzugehen; denn der junge Mann ist unter diesen Umständen zum Maschinenbauer, aus gesundheitlichen Gründen, sicher nicht geeignet.

· Im folgenden müssen wir nun die wichtigsten Gesichtspunkte für die Vorbereitung für den Besuch der Maschinenbauschule einerseits, und die höhere Maschinenbauschule andererseits betrachten:

Beginnen wir mit der Maschinenbauschule, so ist zunächst zu erwähnen, daß es Bedingung ist, daß der junge Mann die Volksschule mit wirklich gutem Erfolge besucht und sich ganz besonders einige Fertigkeit im Rechnen, sowie etwas Gewandtheit im Zeichnen angeeignet hat. Nach Entlassung aus der Volksschule hat dann der Eintritt in die Lehre zu erfolgen, und zwar entweder bei einem Schlosser oder in einer Maschinenfabrik oder endlich in einer elektrotechnischen Werkstätte. Die Hauptsache ist es, während der Lehrzeit die Augen aufzuhalten und keine Gelegenheit zu versäumen, wo es etwas zu lernen gibt, ein Streben, welches jeder gewissenhafte Meister stets gern unterstützen wird.

Sehr wichtig ist es dabei aber auch, daß die Zeit nach Feierabend nicht etwa im Kreise älterer Gesellen am Biertisch verbracht, sondern ebenfalls zur Weiterbildung benutzt wird. Dies ist heute allerdings schon meistens geregelt durch den bereits früher erwähnten Fortbildungsschulzwang.

Diesen Zwang wird wohl ein vernünftiger und strebsamer junger Mann niemals als etwas Lästiges empfinden, sondern er wird es vielmehr stets dankbar anerkennen, daß Staat und Gemeinde ihm dadurch Gelegenheit bieten, sich unentgeltlich gute Fachkenntnisse anzueignen. Der Besuch der Fortbildungsschule ist nur aus dem Grunde obligatorisch (d. h. zwangsweise), weil es leider immer noch unverständige Menschen gibt, welche den Segen der Weiterbildung nicht einsehen wollen oder können, und welche daher aus freien Stücken sicherlich nichts zur Förderung und Befestigung ihres Wissens tun würden. Demnach hat der Zwang bei der Fortbildungsschule den gleichen Zweck wie bei der Volksschule, nämlich einen jeden mit denjenigen Kenntnissen auszurüsten, welche für sein späteres gesichertes Fortkommen mindestens notwendig sind. Bemerkt sei noch, daß alle Unterrichtsfächer der Fortbildungsschule gleich wichtig sind, einerlei, ob es Deutsch, Rechnen, Naturlehre oder ein technischer Unterrichtsgegenstand ist.

Falls eine Kgl. Maschinenbauschule mit Abend- und Sonntagsunterricht am Platze ist, empfiehlt es sich, daß der junge Mann, nachdem er das Alter der Fortbildungsschulpflicht überschritten hat, an dem genannten Unterricht teilnimmt.

Diese den Kgl. Anstalten angegliederten Abend- und Sonntagsschulen für Maschinenbauer haben sechs Klassen mit je halbjähriger Unterrichtsdauer. Für jede dieser Klassen beträgt das Schulgeld nur 10 Mark. Wer die vier untersten Klassen mit gutem Erfolge durchgemacht hat, kann direkt in die 3. Klasse der Maschinenbauschule (Tagesklasse) übertreten, überspringt also die 4. Klasse (des Tagesunterrichts) und spart damit ein Semester. Im allgemeinen entspricht das Gesamtlehrziel der vier untersten Abendklassen demjenigen der untersten Klasse der Maschinenbauschule[1]) (Werkmeisterschule).

Die beiden obersten Klassen der Abend- und Sonntagsschule ergänzen den Unterricht der vier unteren, besonders für diejenigen Schüler, welche nicht die Absicht haben, später zu der Tagesschule überzugehen. Zur Ergänzung der technischen Kenntnisse werden daher in den beiden obersten Klassen hauptsächlich solche Unterrichtsgegenstände durchgenommen, welche für den Maschinenschlosser von ganz be-

---

[1]) Vergl. Kapitel IV.

sonderem Interesse sind, wie z. B. Maschinenlehre, Maschinenzeichnen, Mechanik und Elektrotechnik.

Bezüglich des Verhaltens der Schüler im Unterricht gilt dasselbe wie für die Tagesschule, ich beschränke mich hier daher, auf meine diesbezüglichen späteren Ausführungen in Abschnitt VI zu verweisen. Nur auf einen Punkt möchte ich an dieser Stelle noch eingehen. Es kommt verhältnismäßig sehr häufig vor, daß die Abendschüler den Unterricht aus dem Grunde versäumen, weil sie in der Fabrik oder in der Werkstätte durch Überstunden zurückgehalten werden. Es würde daher ein ebenso großes wie dankenswertes Entgegenkommen seitens der Herren Prinzipale sein, wenn darauf etwas mehr Rücksicht genommen und dafür Sorge getragen würde, daß die jungen Leute stets regelmäßig und pünktlich zur Abendschule kommen können; denn es ist leicht einzusehen, daß bei der geringen Zahl von wöchentlich 10 Unterrichtsstunden jede Versäumnis von großem Schaden ist.

Bezüglich der praktischen Tätigkeit sei schließlich noch bemerkt, daß es sehr empfehlenswert ist, daß der Maschinenschlosser als Gehilfe möglichst viele verschiedenartige Betriebe kennen gelernt hat; denn je umfangreicher und vielseitiger seine praktischen Erfahrungen sind, um so besser wird er später dem Unterricht in der Maschinenbauschule (Tagesklasse) folgen können.

Während nun der zukünftige Werkmeister erst im vierzehnten Lebensjahre vor der Berufswahl steht, tritt diese Frage an denjenigen, welcher im Maschinenbaufach die höhere Laufbahn einschlagen will, eigentlich schon viel früher heran.

Wer die Berechtigung zum Einjährig-Freiwilligendienst erlangen, dann möglicherweise das Abiturienten-Examen machen und studieren will, muß bekanntlich zunächst die Volksschule oder die Vorbereitungsschule 3 bis 4 Jahre lang besuchen und dann, nach Erlangung der notwendigsten Kenntnisse in den Elementarfächern, zur untersten Klasse (Sexta) einer höheren Lehranstalt übergehen. Bei der Entscheidung über die nun zu wählende Schule, ob das Gymnasium, das Realgymnasium oder die Oberrealschule am geeignetsten ist, wird fast immer schon berücksichtigt, welchen Beruf der zu dieser Zeit meist erst neunjährige Junge dereinst voraussichtlich ergreifen wird. Hinsichtlich der Berechtigungen sind heute alle drei Arten von höheren Lehranstalten gesetzlich gleichgestellt, das heißt mit anderen Worten, man kann, nachdem man eine dieser Schulen durchgemacht hat, zum Studium eines jeden beliebigen Faches zugelassen werden.

Wenn wir uns aber an die im vorigen Kapitel erwähnten Unterrichtsziele der drei genannten Arten von höheren Lehranstalten erinnern, so ist es leicht einzusehen, daß es sicher eine ebensolche Schwierigkeit sein würde, von der Oberrealschule, an welcher weder im Lateinischen noch im Griechischen unterrichtet wird, Rechtswissenschaften zu studieren, wie andererseits vom Gymnasium aus, dessen Lehrpläne bekanntlich Mathematik, Naturwissenschaften und Zeichnen nur in geringem Umfange berücksichtigen, ein technisches Studium zu ergreifen; es ist sogar sehr wahrscheinlich, daß letztere Schwierigkeit eine noch größere sein würde, wie die im ersten Beispiel angeführte. Jedenfalls dürfte, dank der hochbedeutenden und staunenerregenden Erfolge des deutschen Ingenieurs, die noch vor wenigen Jahrzehnten verbreitete irrige Ansicht für immer widerlegt sein, wonach der technische Beruf eine geringere geistige Beanlagung voraussetzt, als andere Fachstudien.

Hat sich nun ein Junge die erforderlichen Elementarkenntnisse mit wirklich gutem Erfolge angeeignet (aber auch nur in diesem Falle), so kann er zur Sexta einer höheren Lehranstalt übergehen. Wenn er bei allgemein guten geistigen und körperlichen Anlagen für die Vorgänge in der Natur, für Bauten und Maschinen, wie überhaupt für praktische Dinge schon Interesse zeigt, so ist er voraussichtlich für den Technikerberuf geeignet, und es empfiehlt sich, den Jungen nicht auf das Gymnasium, sondern auf ein Realgymnasium oder noch besser auf die Oberrealschule zu schicken, weil dort, wie erwähnt, außer auf den mathematisch-naturwissenschaftlichen Unterricht, auch auf das Zeichnen ein großer Wert gelegt wird, und man sagt wohl mit Recht: „Der Techniker braucht das Zeichnen wie das liebe Brot" und „Das Zeichnen ist die Sprache des Technikers".

Wenn sich nun aber ein Gymnasiast dazu entschließt, einen technischen Beruf zu ergreifen, so darf es der junge Mann aus den angeführten Gründen unter keinen Umständen verabsäumen, während der letzten Jahre seiner Schulzeit an einer Fortbildungsschule das technische Zeichnen zu erlernen.

Erwähnt sei noch, daß in der neuesten Zeit die Wahl der Schule, welche mit Rücksicht auf den zukünftigen Beruf besonders geeignet ist, dadurch bedeutend erleichtert wurde, daß man in verschiedenen Städten sogenannte Reformgymnasien gegründet hat. Die Einrichtung dieser Schulen ist derartig, daß in den unteren Klassen kein Latein gelehrt wird, in den oberen (von Tertia an) sind Parallelabteilungen eingerichtet, deren eine die gymnasiale, die andere dagegen die realistische Schulrichtung verfolgt. Die Reformgymnasien haben daher den großen Vorzug, daß bei ihnen die Entscheidung über die endgültig zu wählende Schulrichtung um 3 Jahre hinausgerückt ist, also in ein Alter, in welchem man schon besser beurteilen kann, zu welchem Beruf sich der Schüler besonders eignet.

Eine weitere Frage ist nun, einerseits, wer soll die Schule nur bis zur Erlangung des Einjährig-Freiwilligen-Zeugnisses besuchen und dann auf einer höheren Maschinenbauschule seine Fachausbildung erhalten, andererseits, wer soll die allgemeine Schule erst nach bestandenem Abiturientenexamen verlassen, dann an einer Technischen Hochschule studieren und seine Ausbildung mit dem Diplomexamen oder der Regierungsbaumeister-Prüfung bezw. der Promotion zum Doktor-Ingenieur abschließen?

An anderer Stelle wurde bereits erwähnt, daß zum Hochschulstudium nur derjenige berufen ist, dessen Fähigkeiten derartige sind, daß er voraussichtlich imstande sein wird, es in der Wissenschaft allmählich bis zur höchsten Stufe, der selbständigen Forschung, zu bringen. Hieraus folgt aber nun nicht etwa, daß junge Leute, die nur mit Mühe und Not die Untersekunda durchgemacht haben, und welche daher niemals Aussicht hätten, das Abiturientenexamen zu bestehen, in der Lage wären, unsere Maschinenbauschulen mit Erfolg zu besuchen. Genau das Gegenteil ist der Fall; denn erfahrungsmäßig scheiden derartige minderwertige Elemente schon in der untersten Klasse der höheren Maschinenbau-schule aus; nur begabte und tüchtige Schüler können wir gebrauchen, welche das Bestreben haben, möglichst rasch vorwärts zu kommen. Unsere Maschinenbauschulen bieten, mit anderen Worten gesagt, dem jungen Manne Gelegenheit, sich verhältnismäßig schnell alle jene Kenntnisse und Fertig-keiten anzueignen, welche ihm die baldige Erlangung einer sicheren und sorgenfreien Lebensstellung ermöglichen, und wenn auch das materielle Endziel im allgemeinen natürlich nicht das gleiche sein kann und wird, wie dasjenige des studierten Ingenieurs, so wird doch auch wiederum anderer-seits der Absolvent der höheren Maschinenbauschule in viel jüngerem Lebensalter wirtschaftlich unabhängig sein, als wie der auf der Hochschule ausgebildete Ingenieur.

Vielfach kommt es leider auch noch vor, daß junge Leute nach Besuch der Untersekunda die Schule verlassen und als Hospitanten (das sind Studierende ohne Berechtigung zur Ablegung von Prüfungen) zur Technischen Hochschule gehen; hiervon ist nun aber ganz entschieden abzuraten und zwar aus dem Grunde, weil der ehemalige Untersekundaner noch nicht die erforderliche Allgemeinbildung besitzt, um die Vorlesungen und Übungen der Hochschule mit wirklichem Erfolge besuchen zu können. Daher erreichen diese jungen Leute stets viel weniger, als wenn sie auf einer höheren Maschinenbauschule eine auf ihren tatsächlichen allgemeinen Schulkenntnissen sich aufbauende Fachausbildung erhalten hätten.

Nach den gegenwärtigen ministeriellen Bestimmungen soll jeder junge Mann vor Eintritt in die höhere Maschinen-bauschule mindestens 2 Jahre lang praktisch gearbeitet haben, und diese Zeit ist für ihn in gleichem Maße, wie wir es für den angehenden Maschinenbauschüler (Werkmeisterschüler) erwähnten, mit der allerwichtigste Teil der Ausbildung.

Besonders begünstigt sind in dieser Hinsicht diejenigen, deren Väter Besitzer einer Fabrik oder einer Werkstätte sind, weil dann die jungen Leute schon von Kindheit an Gelegen-heit gehabt haben, das Wesen und die Aufgaben der praktischen Arbeit kennen zu lernen und sich dadurch einen Beobachtungssinn frühzeitig zu eigen zu machen, welchen derjenige, der neu in den Werkstättenbetrieb kommt, sich erst erwerben muß.

Die speziell für Unterrichtszwecke eingerichteten Lehrwerkstätten werden heute mehr und mehr für die praktische Ausbildung als ungeeignet betrachtet, weil dort nur leicht zu handhabende Arbeitsstücke hergestellt werden, während größere Antriebs- und Transporteinrichtungen ganz oder teilweise fehlen. Außerdem fehlt es dort im Gegensatz zu den richtigen Betriebswerkstätten an der Möglichkeit, dem jungen Techniker Gelegenheit zu geben, einen Einblick in die Lebensverhältnisse der Arbeiter, sowie in Lohn- und Verwaltungsgeschäfte zu erhalten, worauf ich später nochmals zurückkommen werde.

Für den jungen Mann, der später die höhere Maschinenbauschule besuchen will,[1] empfiehlt es sich daher, nicht in einer nur zu Lehrzwecken eingerichteten Werkstätte zu arbeiten, sondern in einer nach kaufmännischen Grundsätzen geleiteten Maschinenfabrik seine praktische Lehrzeit durchzumachen, spätere Eisenbahntechniker können auch in einer Eisenbahnwerkstätte tätig sein. Zweckmäßig ist es, nicht als Volontär in die Fabrik zu gehen, sondern, wenn irgend möglich, als Lehrling, weil die Erfahrung uns zeigt, daß auf diese Weise viel mehr gelernt wird.

Die, wie erwähnt, mindestens zweijährige praktische Tätigkeit soll sich auf die einzelnen Betriebe etwa wie folgt verteilen:

Modelltischlerei, Formerei und Gießerei . 6 Monate
Schlosserei, Werkstattmontage 8   ,,
Schmiede 2   ,,
Dreherei, Fräserei 3   ,,
Tätigkeit als Anreißer . . . . 1 Monat

---

[1] Vgl. auch Gutachten der Herren Regierungs- und Gewerbeschulrat Kleinstüber und Gewerbeschulrat Romberg in der Zeitschrift des Vereins deutscher Ingenieure, Jahrg. 1903, S. 1279.

Betrieb der Dampfmaschinen, Pumpen,
Dampfkessel, Dynamos, Gasmotoren 1 Monat
Montage . . . . 3 Monate

Wenn auch wohl höchstwahrscheinlich diese Reihenfolge sich nicht in jedem Betriebe durchführen lassen dürfte, so empfiehlt es sich doch, nach Möglichkeit mit der Modelltischlerei und Formerei zu beginnen. Selbstverständlich soll man sich auch in allen oben angeführten Betrieben möglichst vielseitig beschäftigen. Daher wäre es also falsch, wenn man z. B. in der Gießerei nur bei der Herstellung von Lagern tätig sein würde, oder in der Dreherei nur bei der Herstellung von Schrauben usw. Es ist vielmehr dringend notwendig, daß man an recht verschiedenartige Arbeiten in jedem einzelnen Betriebe kommt und auf diese Weise möglichst vielseitig praktisch ausgebildet wird. Auch ein Vertrautmachen mit den Lohn- und Versicherungsberechnungen der Fabrik ist erforderlich, ebenso ein Bekanntwerden mit den Bestimmungen der Gewerbeordnung und den Vorschriften der Berufsgenossenschaften.

Mitunter kommt es auch vor, daß die jungen Leute noch ein drittes Jahr in der Praxis bleiben, um noch im Zeichenbureau und in der elektrotechnischen Werkstätte zu arbeiten. Wer aber während der praktischen Ausbildung auf Kosten der Tätigkeit in den übrigen Betrieben auch elektrotechnisch arbeitet, bekommt erfahrungsmäßig nachher auf der Maschinenbauschule beim machinentechnischen Unterricht große Schwierigkeiten, weil die vorangegangene praktische Ausbildung im allgemeinen Maschinenbau eine nicht genügend umfangreiche gewesen ist.

In größeren Betrieben ist die Ausbildung der jungen Techniker gewöhnlich einem Oberingenieur unterstellt; es empfiehlt sich die Anordnungen dieses Herrn stets gewissenhaft zu befolgen und ihn in allen wichtigen Fragen um Rat zu bitten. — Der Hauptgrundsatz für die praktische Tätigkeit ist und bleibt: Keine Gelegenheit zum Lernen versäumen und sich vor keiner Arbeit scheuen. Wer sich etwa fürchtet rußige Hände zu bekommen, der unterlasse es lieber Maschinenbauer zu werden. Der junge Praktikant kann sich nur durch tatkräftiges Zugreifen und durch regen Eifer die Achtung und das Vertrauen der mit ihm zusammen arbeitenden Gesellen erwerben, und er darf es nie vergessen, daß dieselben in der Werkstattpraxis längere Erfahrung und daher auch größere Übung besitzen, wie der junge Mann selbst. Aus eben diesen Gründen soll der Verkehr mit den Gesellen ein durchaus kameradschaftlicher sein, namentlich hüte man sich vor Selbstüberhebung und Prahlerei. Der Maschinenbaueleve darf es ferner nicht versäumen, die Werkstättenarbeiter auch im privaten Verkehr kennen zu lernen (etwa von Zeit zu Zeit beim Glase Bier nach Feierabend oder in ähnlicher Weise); denn es gehört, meines Erachtens, mit zur Ausbildung des Technikers, daß er während der praktischen Tätigkeit sich auch mit den Lebensgewohnheiten und sonstigen Eigenarten der Arbeiter vertraut macht, andernfalls ist der junge Mann für die spätere Leitung eines Betriebes nicht voll und ganz geeignet. Politische Gespräche vermeide man aber mit den Arbeitern nach Möglichkeit; denn während der praktischen Ausbildung ist der angehende Techniker noch viel zu jung und unerfahren, um sich über derartige Dinge ein Urteil erlauben zu können.

Der Vollständigkeit halber sei übrigens noch erwähnt, daß diejenigen jungen Leute, welche das Einjährig-Freiwilligen-Zeugnis nicht von einer höheren Lehranstalt, sondern auf Grund eines Examens vor der Kgl. Prüfungs-Kommission bei der Regierung erhalten haben, nicht ohne weiteres auf der höheren Maschinenbauschule aufgenommen werden können. Da nämlich bei dem erwähnten Einjährigen-Examen zeichnerische Fertigkeiten überhaupt nicht, naturwissenschaftliche und mathematische Kenntnisse nur in beschränktem Maße verlangt werden, so müssen diese sogenannten „Regierungs-Einjährigen" vor Aufnahme in die höhere Maschinenbauschule im Zeichnen, Mathematik und Naturwissenschaften noch ein Eintrittsexamen, die „Befähigungsprüfung", ablegen.

Zu dieser Befähigungsprüfung können auch junge Leute zugelassen werden, welche das Einjährig-Freiwilligen-Zeugnis nicht besitzen; dieselben werden außer in den oben erwähnten Fächern, auch im Deutschen und im Rechnen geprüft.

Das Examen besteht nach den ministeriellen Bestimmungen[1]) aus einem schriftlichen und einem mündlichen Teil. Was das persönliche Verhalten während der Prüfung anbetrifft, so gilt in dieser Hinsicht das gleiche, wie bei der später noch zu besprechenden Reifeprüfung (Abschlußprüfung); es möge daher an dieser Stelle genügen, auf meine diesbezüglichen Ausführungen zu verweisen (vgl. Kapitel VII).

Die Anforderungen der Befähigungsprüfung werden vielfach sehr unterschätzt; deswegen sei hier noch bemerkt, daß in den letzten Jahren nur etwa 50 % der sich meldenden jungen Leute das Examen bestanden haben. Außerdem lehrt aber auch die Erfahrung, daß fast alle diejenigen Schüler, welche auf Grund der Befähigungsprüfung in die höhere Maschinenbauschule eintreten, stets viel größere Schwierigkeiten haben, um den Anforderungen des Unterrichts gerecht zu werden, als wie die jungen Leute, welche auf Grund des Einjährig-Freiwilligen-Zeugnisses einer höheren Lehranstalt aufgenommen wurden; denn letztere bringen natürlich von dem langjährigen Unterricht auf dem Gymnasium bezw. der Realschule eine viel bessere geistige Schulung mit, durch welche sie den auf Grund der Befähigungsprüfung eintretenden Schülern weit überlegen sind.[2])

---

[1]) Näheres hierüber vergleiche Kapitel IX.

[2]) An den Kgl. vereinigten Maschinenbauschulen in Cöln besteht eine „Vorklasse zur höheren Maschinenbauschule" mit einjährigem Kursus. Das Unterrichtsziel dieser Vorklasse ist die Erlangung derjenigen Kenntnisse, welche in der Befähigungsprüfung gefordert werden. Wer die Vorklasse mit Erfolg besucht hat, erhält die Berechtigung zum Eintritt in die höhere Maschinenbauschule.

IV. Die Anforderungen des Unterrichts an den Maschinenbauschulen.

Nachdem die erforderliche praktische Arbeitszeit in vorgeschriebener Weise durchgemacht worden ist, kann der junge Mann in eine Maschinenbauschule[1]) eintreten.

Es ist notwendig, sich möglichst frühzeitig vor Semesterbeginn anzumelden, da stets zahlreiche Aufnahmegesuche vorliegen. Man lasse sich zu diesem Zwecke das Programm der betreffenden Maschinenbauschule nebst Anmeldeschein schicken, welch letzteren man dann möglichst sorgfältig ausgefüllt, mit dem Aufnahmegesuch einzusenden hat. Am Schluß dieses Buches befinden sich zwei solche Scheine, die gegebenenfalls als Muster dienen können.

Dem Aufnahmegesuch sind außerdem noch folgende Papiere beizufügen:

1. die schriftliche Genehmigung des Vaters oder dessen gesetzlichen Stellvertreters zum Besuch der Schule;
2. ein polizeiliches Führungsattest;
3. Zeugnisse über die praktische Tätigkeit;
4. Reifezeugnis für Obersekunda bezw. Zeugnis über die bestandene Befähigungsprüfung.

Für die Aufnahme in die niedere Abteilung sind ebenfalls die unter 1—3 genannten Papiere dem Anmeldeschein beizufügen, außerdem auch noch die Zeugnisse von den Schulen (Volksschule, Fortbildungsschule usw.), welche der junge Mann besucht hat.

---

[1]) Im folgenden gebrauche ich, der Kürze halber, für die höhere Maschinenbauschule die Bezeichnung erste oder höhere Abteilung, dagegen für die Maschinenbauschule (Werkmeisterschule) zweite oder niedere Abteilung.

Die Zeugnisse erhalten die jungen Leute erst wieder zurück, wenn sie die Schule verlassen.

Das Schuljahr zerfällt in zwei Semester von je 20 Unterrichtswochen. Der Semesterbeginn erfolgt Anfang April, beziehungsweise Mitte Oktober. Im Wintersemester sind zirka 14 Tage Weihnachtsferien, Semesterschluß ist ungefähr am 20. März. Im Sommersemester sind zunächst 4—8 Tage Pfingstferien; dagegen fallen die großen Ferien in den verschiedenen preußischen Provinzen zeitlich nicht zusammen. Im Westen schließt das Sommerhalbjahr ungefähr am 20. August, so daß also die Ferienzeit bis zum Beginn des Wintersemesters circa 7 Wochen beträgt. In den östlichen Provinzen wird das Sommerhalbjahr im Juli durch 5 Wochen Ferien unterbrochen. Semesterschluß ist dann im September; es folgen noch 14 Tage Herbstferien bis zum Beginn des Winterhalbjahres. Genauere Angaben über die Ferien finden sich in den einzelnen Schulprogrammen.

An den meisten Anstalten werden im Frühjahr und auch im Herbst Schüler neu aufgenommen.

Sowohl die höhere, wie auch die niedere Abteilung hat vier Klassen mit je einem Semester Unterrichtsdauer, was also die bereits erwähnte Gesamtschulzeit von 2 Jahren für jede der beiden Abteilungen ergibt.[1]

Bei der Aufnahme neuer Schüler gelegentlich des Semesteranfangs teilt der Klassenlehrer (Ordinarius) zunächst die vom Herrn Minister für Handel und Gewerbe erlassenen Schulgesetze mit (im Anhang unter den amtlichen Verfügungen mit abgedruckt), auf welche wir später, bei Besprechung der Lebensführung des Maschinenbauschülers ausführlich zurückkommen. Ferner wird noch die Anschaffung der vorgeschriebenen Bücher, Hefte und Zeichenmaterialien besprochen. Gerade in bezug auf die letzteren wolle man nicht zu sparsam sein, sondern

---

[1] Die niedere Abteilung der Kgl. verein. Maschinenbauschulen in Cöln hat nur 3 Klassen und $1\frac{1}{2}$ jährige Gesamtschulzeit. Lehrplan und Unterrichtsziel sind dort etwas andere, wie an den übrigen Maschinenbauschulen. Näheres hierüber vergl. Kapitel IX.

(Ministerial-Erlaß).

sich gutes und reichliches Material zulegen, sonst ist ein flottes Zeichnen unmöglich. Dagegen warne ich vor dem Ankauf teurer technischer Lehr- und Handbücher, wie sie den jungen Leuten alljährlich von Kolporteuren angeboten werden, womöglich gegen monatliche Teilzahlungen. In den weitaus meisten Fällen sind diese Werke für den Maschinenbauschüler völlig ungeeignet; man sollte daher vor Anschaffung derartiger Bücher es niemals unterlassen, erst den Rat des Ordinarius oder des betreffenden Fachlehrers einzuholen. Auf diese und viele andere Fragen komme ich, wie erwähnt, später nochmals zurück, wir wollen hier jetzt vielmehr zunächst die einzelnen Unterrichtsfächer besprechen.

Zunächst sei hier noch erwähnt, daß der Unterricht an unseren Lehranstalten sich von demjenigen der allgemeinen höheren Schulen sehr charakteristisch dadurch unterscheidet, daß an den Gymnasien, Oberrealschulen usw. auf die formale Bildung, auf die Schulung des Geistes im allgemeinen der Hauptwert gelegt wird, während an den Maschinenbauschulen als wichtigster Gesichtspunkt für den Unterricht die direkte Ausbildung für die Praxis maßgebend ist. — Um diesen Gedanken noch näher zu erläutern, sei z. B. an diejenigen Fächer erinnert, welche sowohl in den allgemeinen höheren Schulen, wie auch auf unseren technischen Lehranstalten unterrichtet werden, nämlich Mathematik, Physik und Chemie. — Der Lehrer am Gymnasium und an der Oberrealschule wird bei der Behandlung des Lehrstoffes, sowohl bei der Auswahl mathematischer Beispiele, wie auch bei der Entwickelung physikalischer und chemischer Vorgänge, von dem Grundsatze meistens ausgehen, die Schüler zu scharfem und logisch richtigem Denken anzuhalten, erst in zweiter Linie wird es ihm auf die Beziehungen des Lehrstoffes zur Praxis ankommen. — An den Maschinenbauschulen ist es gerade umgekehrt, für die mathematischen Aufgaben und ebenso für das gesamte Pensum des naturwissenschaftlichen Unterrichts, sind die Anforderungen der Praxis vor allem maßgebend. Es ließe sich aber leicht nachweisen, daß auch an unseren Schulen in allen Lehrfächern, namentlich auch im maschinentechnischen Unterricht, die Fähigkeit, scharf und logisch zu denken, bei den Schülern außerordentlich gefördert wird. Die Hauptsache ist für uns aber, wie erwähnt, die Vorbereitung für die Praxis und nicht die Vermittelung formaler Bildung.

Vorausschicken möchte ich hier auch noch, daß ich der Vorstellung mancher Schüler, wonach es wichtige und unwichtige, interessante und uninteressante Unterrichtsfächer gibt, ganz nachdrücklich entgegentreten muß. — Jedes Fach ist wichtig und interessant, man muß nur von Anfang an mit Lust und Liebe daran gehen. — Wohl gibt es aber leichte und schwere Fächer; zu letzteren gehören namentlich z. B. Mathematik und Mechanik. Als mehr theoretische Wissenschaften, welche ganz zu Anfang in keinem sehr nahen Zusammenhang mit der Technik stehen, für diese aber unentbehrlich sind, erfordern die beiden genannten Unterrichtsgegenstände ganz besonders großen Eifer und Fleiß des Schülers.

Wir beginnen zunächst mit der Besprechung des Unterrichts der zweiten Abteilung und zwar mit der 4. (untersten) Klasse. Die dort erteilten Fächer sind Deutsch, Rechnen, Mathematik, Physik, Zeichnen und Rundschrift. Von diesen Unterrichtsgegenständen ist der junge Mann von der Volksschule her nur mit Deutsch und Rechnen vertraut, dagegen mit den anderen Fächern nur dann, wenn er eine Fortbildungsschule oder eine Abend- und Sonntagsschule besucht hat. Die Anforderungen der 4. Klasse sind aber insofern recht große, weil sehr rasch vorwärts gegangen werden muß.

Erfahrungsmäßig bietet der Unterricht im Deutschen vielen Schülern ganz besondere Schwierigkeiten. Bei Beendigung der Volksschule sollen die jungen Leute nicht nur fließend lesen und fehlerlos richtig schreiben können, sondern sie müssen auch imstande sein, über irgend einen Gegenstand oder einen Vorgang eine vernünftige Darstellung in Form eines Aufsatzes zu geben. Meistens wird aber nach dem Verlassen der Volksschule bezw. der Fortbildungsschule ein so geringer Wert auf den mündlichen und schriftlichen Gebrauch der lieben deutschen Muttersprache gelegt, daß infolgedessen viele junge Leute bis zum Eintritt in die Ma-

schinenbauschule sehr viel vergessen haben. Es muß dann
das Verlorene ganz gewissenhaft nachgeholt werden, und aus
diesem Grunde sollte man nicht verabsäumen, in der freien
Zeit auch gute Bücher zu lesen, welche man aus den in den
meisten Städten bestehenden Volksbibliotheken ganz kostenfrei, oder gegen eine geringe Leihgebühr erhalten kann. Besonders empfehlenswert ist es, von Zeit zu Zeit einmal einen
Abschnitt aus dem betreffenden Buche sich laut vorzulesen;
es ist dies eine sehr geeignete Übung. Wer es im Deutschen
nicht zu vollkommen befriedigenden Leistungen bringt, kann
niemals darauf rechnen, in der Praxis später eine wirklich
gute und dauernde Stellung zu erhalten; denn man muß und
kann es heutzutage von jedem Monteur verlangen, daß er
imstande ist, einen Bericht über den Gang der Arbeiten oder
auch einen Geschäftsbrief in einwandfreiem Deutsch ab-
zufassen.

Auch die Fertigkeit im Rechnen wird nach Abgang von
der Volksschule vielfach vernachlässigt, obgleich doch jeder,
welcher im Erwerbsleben vorwärts kommen will, und der
Techniker ganz besonders, eine möglichst große Gewandtheit
im Rechnen haben muß. Aus diesem Grunde ist der Rechenunterricht in der untersten Maschinenbauschulklasse ebenfalls
von großer Bedeutung. Wer kein flotter Rechner ist, kann
auch in den anderen Fächern, wie Mathematik und Physik
und später in der Mechanik und den maschinentechnischen
Fächern, nicht mitkommen.

Der schwierigste Unterrichtsgegenstand der 4. Klasse
ist aber sicher die Mathematik, welche an den jungen Mann
meistens als etwas gänzlich neues herantritt. — Was für alle
Fächer empfehlenswert ist, gilt hier im besonderen, nämlich,
daß man von Anfang an stets sich selbst gewissenhaft prüft,
ob man jede Einzelheit genau verstanden hat, und wenn dies
nicht der Fall sein sollte, so ist der Schüler verpflichtet, auf
die immer wiederkehrenden Fragen des Lehrers, ob etwas
unklar geblieben ist, sich ohne Scheu zu melden. Es wird
dies keinem Schüler übelgenommen, sondern ihm als Beweis
angerechnet, daß er mit Fleiß bestrebt ist, alle Einzelheiten
des Unterrichts gewissenhaft zu verfolgen. — Ganz schüchterne

Schüler, und solche gibt es erfahrungsmäßig wohl in jeder Klasse, gehen am besten nach Schluß der Unterrichtsstunde zu dem betreffenden Lehrer und bitten ihn um Aufklärung, welche sie stets bereitwilligst erhalten werden. —

Sowohl die Algebra (Buchstabenrechnung) als auch die Planimetrie (Flächenlehre und -Berechnung) sind für den späteren Unterricht von gleicher Bedeutung. In der zweiten Semesterhälfte wird im mathematischen Unterricht das Hauptgewicht auf die Lösung einfacher und eingekleideter Gleichungen gelegt, weil derartige Rechnungen in der folgenden Klasse in der Mechanik, Elektrotechnik und bei den Maschinenelementen fortwährend gebraucht werden. Jeder Schüler muß daher auch von selbst bestrebt sein, möglichst viel Übung in der Lösung von Gleichungen zu bekommen. Falls von der Schule keine häuslichen Arbeiten obligatorisch aufgegeben werden, empfiehlt es sich, daß die Schüler zu Hause Gleichungen rechnen; der Lehrer wird auch gerne bereit sein, derartige freiwillige Aufgaben zu stellen. Wer im Versetzungszeugnis nach der dritten Klasse in der Mathematik nicht mindestens „genügend" hat, kann darauf gefaßt sein, im zweiten Semester große Schwierigkeiten zu bekommen; denn am Unterricht in Mechanik, Elektrotechnik und in den Maschinenelementen kann man mit mangelhaften mathematischen Kenntnissen, wie erwähnt, niemals erfolgreich teilnehmen. — Der Physik-Unterricht hat in der 4. Klasse die Aufgabe, den Schülern die allgemeinen Eigenschaften der festen, flüssigen und luftförmigen Körper zu erklären und die wichtigsten Gesetze der Mechanik durch Versuche vorzuführen. Somit ist die Physik wieder die Grundlage für die verschiedensten Unterrichtszweige, namentlich für die Mechanik, Elektrotechnik und die Maschinenbaukunde.

Das einzige rein technische Unterrichtsfach der 4. Klasse ist das „vorbereitende Zeichnen". An anderer Stelle haben wir auf die Bedeutung desselben schon hingewiesen und die Zeichnung „die Sprache des Technikers" genannt.

Von großer Wichtigkeit ist daher die Anschaffung zweckmäßiger Utensilien.

Die größte Sorgfalt erfordert der Einkauf des Reißzeuges, dessen Preis durchschnittlich 25 bis 30 Mark betragen wird. Die notwendigsten Stücke, welche ein Reißzeug enthalten soll, sind folgende: ein großer Handzirkel, ein Einsatzzirkel für Blei und Ziehfeder, sowie Verlängerungsstücke dazu, dann ein Nullenzirkel, ein Haarzirkel, sowie mehrere Ziehfedern. Die Anschaffung eines Stangenzirkels ist nicht erforderlich, wenn ein solcher in späteren Semestern gebraucht wird, so schaffen sich sämtliche Schüler der Klasse denselben gemeinsam an. — Dies ist aber auch die einzige Ausnahme, wo ein gegenseitiges Leihen von Zeichenmaterialien erlaubt wird, im übrigen ist es streng verboten; jeder muß die vorgeschriebenen Utensilien selbst besitzen und soll sie stets zur Hand haben; denn Ordnung ist eine der wichtigsten Eigenschaften, welche vom Techniker verlangt werden. Man sagt daher wohl auch, man kann den Techniker daran erkennen, wie er seine Zeichenmaterialien behandelt und sie vor Beschädigungen schützt.

Das Reißzeug, wie alle anderen für den Zeichenunterricht notwendigen Sachen (Reißbrett, Reißschiene, Dreiecke, Kurvenlineale usw.), kaufe man nicht direkt fest, sondern behalte sich das Umtauschrecht vor, und ersuche dann erst den betreffenden Fachlehrer um Rat, ob die Sachen zur Anschaffung geeignet sind. — Für den Anfänger wäre es natürlich vollständig verkehrt, sich extra gutes und teueres Papier anzuschaffen; denn in der ersten Zeit wird immer der eine oder der andere Zeichenbogen verdorben und muß wiederholt werden, was bei teuerem Papier zu kostspielig wäre.

Auf weitere Einzelheiten in dieser Hinsicht kann ich mich nicht einlassen, umso weniger, da bei den verschiedenen Schulen natürlich kleine Abweichungen vorkommen. Ich möchte aber noch bemerken, daß da, wo die Bögen nicht mit Heftzwecken (Reißbrettnägeln) auf dem Zeichenbrett befestigt, sondern aufgeleimt werden, sollte der Schüler diese Arbeit stets selbst ausführen und es nicht dem Papierhändler überlassen; denn es ist dringend notwendig, daß sich der junge Mann in jeder Hinsicht an möglichst große Selbständigkeit gewöhnt.

Die ersten Blätter, welche gezeichnet werden, haben hauptsächlich den Zweck, den Schüler mit dem Gebrauch der Zeichenmaterialien vertraut zu machen. — Wer auf die Anordnungen des Lehrers gut aufpaßt und sie gewissenhaft befolgt, wird sicher zum Ziele gelangen; wer dagegen das Bestreben hat, möglichst schnell zu arbeiten, bei dem wird sich das alte Sprichwort „Eile mit Weile" zum eigensten Nachteil bewähren. Wenn man erst mal den Gebrauch der Zeichenmaterialien völlig beherrscht, dann findet sich das schnelle Arbeiten ganz von allein.

Bald wird dann auch mit dem Freihandzeichnen, dem Skizzieren, begonnen, welcher Teil des Zeichenunterrichts hinsichtlich seiner Bedeutung vom Schüler manchmal unterschätzt wird. Das Skizzieren ist aber in Wirklichkeit mit die Hauptsache; denn das richtige Aufnehmen von Maschinenteilen in verschiedenen Schnitten braucht der Techniker in der Praxis fortwährend; daher kann dieser Teil des Zeichenunterrichts gar nicht genug geübt werden, um das Augenmaß zu schärfen. Nach den Skizzen werden dann die Konstruktionen auf dem Reißbrett ausgeführt. Hierbei ist es von besonderer Wichtigkeit, daß die Maßlinien richtig nach Vorschrift eingezeichnet werden. Die Maßzahlen und der zur Zeichnung gehörige Text werden in Rundschrift ausgeführt, zu deren Erlernung eine besondere Unterrichtsstunde im Lehrplan vorgesehen ist.

Bei der großen Bedeutung, welche das Zeichnen für den Techniker hat, mußte ich hier etwas ausführlicher darauf eingehen; wenn auch die Zukunft der Schüler der zweiten Abteilung im allgemeinen der Betrieb und nur ausnahmsweise das Konstruktionsbureau ist, so müssen die jungen Leute doch imstande sein, jede Zeichnung nicht nur zu verstehen, sondern sie auch vollkommen selbständig ausführen zu können.

Die Fortsetzung des Zeichenunterrichts bildet in der 3. Klasse einerseits das Projektionszeichen, andererseits das Maschinenzeichnen. — Im ersteren werden im Anschluß an den Unterricht der 4. Klasse die Gesetze besprochen und praktisch geübt, nach welchen die Darstellung der Körper in drei Projektionsebenen erfolgt. — Im Maschinenzeichnen dagegen werden Maschinenteile wie Nieten, Schrauben, Keile, Achsen, Kuppelungen, Lager u. a. m. skizziert und dann davon Werkstattzeichnungen angefertigt. Der Zweck aller dieser Maschinenteile und ihre Herstellung wird in der Lehre von den Maschinenelementen besprochen, außerdem werden die Übungen im Zeichnen und Berechnen von Maschinenteilen auch noch in den beiden obersten Klassen fortgesetzt.

Ein weiteres technisches Unterrichtsfach, welches in der 3. Klasse beginnt, ist die Elektrotechnik, in welcher an den Eifer und Fleiß des Schülers ebenfalls sehr hohe Anforderungen gestellt werden müssen, weil ihre Lehren nur auf Begriffen aufgebaut werden können, welche lediglich in unserer Vorstellung vorhanden sind. — Für den Maschinenbauer ist aber heute die Elektrotechnik ein unentbehrliches Hilfsmittel geworden.

In der 3. Klasse werden hauptsächlich die Grundgesetze der Elektrizitätslehre besprochen, in den beiden obersten Klassen folgt dann die Starkstromtechnik und die für diese in Betracht kommenden Maschinen, sowie ihre Anwendung zu Kraft- und Beleuchtungszwecken. Ferner werden die Instrumente durchgenommen, welche bei der Prüfung von Starkstromanlagen gebraucht werden. Im Gegensatz zu den technischen Privatlehranstalten wird an den Kgl. Schulen die Schwachstromtechnik (Telegraphie und Fernsprecheinrichtungen) nur sehr wenig berücksichtigt, weil dieses Gebiet für den angehenden Maschinentechniker doch zu fern liegt.

Der elektrotechnische Unterricht steht nun wieder mit dem chemischen und physikalischen in Wechselbeziehung.

Die Chemie hat die Aufgabe, dem Schüler die stofflichen Eigenschaften der wichtigsten Materialien, welche für den Maschinenbauer von Bedeutung sind, vor Augen zu führen. Außerdem soll dieser Unterricht auch über die stofflichen Umwandlungen Aufschluß geben, auf welchen unsere wichtigsten gewerblichen Prozesse beruhen. In diesem Sinne bildet die Chemie die Grundlage für die Technologie, sowie für die Hüttenkunde.

In dem physikalischen Unterricht wird in der 3. Klasse die Wärmelehre durchgenommen mit besonderer Berücksichtigung der für den Maschinenbauer wichtigen Abschnitte, ferner die Optik (Lehre vom Licht) hauptsächlich unter Hinweis auf die Beleuchtungstechnik, sowie auf die in der Praxis gebräuchlichen optischen Instrumente.

Gehen wir nun zu den theoretischen Fächern der 3 Klasse über, so ist zunächst die Mechanik zu erwähnen, welche, im Anschluß an den Physikunterricht der 4. Klasse, die Gesetze des Gleichgewichts und der Bewegung, sowie die Festigkeitslehre behandelt. Es ist daher notwendig, daß der Schüler, in seinem eigensten Interesse, das Physikpensum der untersten Klasse zu Hause gewissenhaft wiederholt. Im Mechanik-Unterricht werden alle diese Gegenstände hauptsächlich rechnerisch durchgenommen, wobei, wie schon früher erwähnt, die sichere Kenntnis der Umformung einfacher Gleichungen vorausgesetzt werden muß. Daher ist es erwünscht, daß der Schüler, wie im Anschluß an den mathematischen Unterricht, so auch aus dem Gebiete der Mechanik, zwecks sicherer Beherrschung des Stoffes, zu Hause freiwillig Aufgaben löst, und bei etwaigen Unklarheiten den Fachlehrer direkt um Rat bittet.

In der 2. Klasse wird in der Mechanik die Bewegungs- und Festigkeitslehre hauptsächlich fortgesetzt und ergänzt, und in der obersten Klasse mit der Besprechung des Verhaltens der Flüssigkeiten zu Ende geführt. Auf die große praktische Bedeutung, welche die Mechanik für den Maschinenbauer hat, brauche ich hier wohl kaum mehr hinzuweisen, jedem jungen Manne, welcher in der Technik tätig war, ist dieser Umstand hinreichend bekannt; aber die Mechanik ist auch, wie erwähnt, ein ziemlich schweres Fach, und erfordert daher viel Fleiß und Ausdauer seitens des Schülers.

In der Mathematik wird in der 3. Klasse die Planimetrie zu Ende geführt, in der Algebra die Lehre von den Gleichungen erweitert und ferner die Trigonometrie (Dreiecksberechnung) durchgenommen; in der 2. Klasse wird auch die Algebra zum Abschluß gebracht und zwar mit den quadratischen Gleichungen, außerdem wird die Stereometrie (Körperberechnung) durchgenommen, während der mathematische Unterricht der obersten Klasse eine Wiederholung und Ergänzung des ganzen Gebietes bezweckt.

Es sei noch erwähnt, daß die Mathematik in der niederen Abteilung auf das Geringstmaß beschränkt ist, welches für die spätere Praxis mindestens erforderlich ist.

Die beiden letzten, noch nicht besprochenen Fächer der 3. Klasse sind Rechnen und Deutsch. Diese Unterrichtsgegenstände sind hier vollständig der Technik angepaßt, das heißt, es werden nur Dinge aus der Praxis behandelt, so z. B. im Rechnen: Kosten- und Rabattberechnungen, dann Berechnung von Steuern, Versicherungen, Gütertarifen, Wertpapieren u. a. m.; also gerade das, was für den zukünftigen Gewerbetreibenden, namentlich für denjenigen, welcher später ein eigenes Geschäft anfangen will, von allergrößter Bedeutung ist. Der selbständige Maschinenbauer muß sich nicht nur technische Kenntnisse und Fertigkeiten zu eigen machen, sondern er soll auch Kaufmann sein; denn eine gewerbliche Tätigkeit kann nur dann von wirklichem und dauerndem Nutzen werden, wenn sie auf gesunder, kaufmännischer Grundlage ausgeübt wird.

Während der Rechenunterricht in der 3. Klasse abschließt, wird derjenige im Deutschen bis zur obersten Klasse fortgeführt. Für letzteren sind nun die gleichen Gesichtspunkte · maßgebend, wie beim Rechnen. Dementsprechend werden in der dritten Klasse alle möglichen Arten von Geschäftsbriefen geübt, Eingaben an Behörden, Ausstellung von Rechnungen, Quittungen und Zeugnissen, außerdem werden Berichte über technische Exkursionen angefertigt; in der 2. Klasse folgt dann die Buchführung[1]) und in der obersten Klasse werden schließlich gewerbliche Gesetzeskunde, sowie wichtige Abschnitte aus der Volkswirtschaftslehre durchgenommen, wie z. B. Kranken-, Unfall- und Invalidenversicherung, Gewerbeordnung, Patentgesetz und die preußische

---

[1]) Zur weiteren Ergänzung der Kenntnisse in der Geschäftskunde wird in der obersten Klasse das Veranschlagen durchgenommen, d. i. die Berechnung des Herstellungspreises von Maschinenteilen auf kaufmännischer Grundlage.

Verfassung. Es sind dies alles Dinge, welche nicht nur für den Techniker, als zukünftigen selbständigen Gewerbetreibenden, von allergrößter Wichtigkeit sind; sondern es wird vielmehr von unseren Maschinenbauschülern auch vorausgesetzt und erwartet, daß sie jene Kenntnisse noch in anderer Weise nutzbringend verwerten, indem sie später als Werkmeister ihre Untergebenen über diese Fragen aufklären, ganz besonders darüber, in welch umfangreicher Weise der Staat für das Wohl und Wehe des Arbeiters sorgt, ihn vor gewerblichen Krankheiten und Unfällen schützt, sowie im Falle der vorübergehenden oder dauernden Arbeitsunfähigkeit ihn vor Nahrungssorgen bewahrt, mit einem Worte, daß die Staatsregierung in jeder Hinsicht bestrebt ist, das wirtschaftliche Vorwärtskommen des Arbeiters zu fördern. Es ist dies ein außerordentlich wichtiger Gesichtspunkt, auf welchen ich später nochmals eingehend zurückkomme.[1])

Wenden wir uns nun zum Unterricht der beiden obersten Klassen der Maschinenbauschule, soweit derselbe noch nicht besprochen ist, so treten hier natürlich die rein technischen Fächer mehr in den Vordergrund, wie Dampfkessel, Dampfmaschinen, Hebemaschinen, Werkzeugmaschinen, hydraulische Motoren und Gaskraftmaschinen. Bei diesen Unterrichtsfächern[2]) sind Vorträge und Übungen eingerichtet (letztere in Skizzieren, Berechnen und Entwerfen zerfallend), wobei natürlich überall das in den unteren Klassen Gelernte vorausgesetzt wird, namentlich Maschinenelemente, Mechanik, Physik, Mathematik, sowie die erforderliche Fertigkeit im Zeichnen; je mehr sich außerdem der junge Mann in der Praxis umgesehen hat, um so besser wird er natürlich dem Unterricht in diesen technischen Fächern folgen können.

Es bleiben jetzt noch zu besprechen: die Hüttenkunde, Technologie, Baukonstruktionslehre, ferner die Laboratoriumsübungen und der Samariterunterricht.

---

[1]) Vergl. Kapitel VI.

[2]) Der Unterricht in hydraulischen Motoren und Gaskraftmaschinen ist hauptsächlich beschreibend.

In der Hüttenkunde wird die Gewinnung der technisch wichtigen Metalle (namentlich des Eisens) besprochen, in der Technologie dagegen die Verarbeitung der Metalle (Gießerei, Schmiede- und Walzprozeß), ferner die Holzbearbeitung, endlich wird auf die für den Maschinenbauer wichtigen Materialien eingegangen, wie z. B. Schmiermittel, Asbest, Leder, Gummi, Schmirgel usw.

Zur Unterstützung des technischen Unterrichts finden alljährlich mehrere Exkursionen nach Maschinenfabriken statt, außerdem sind aber auch Laboratoriumsübungen eingerichtet, damit der Schüler selbständig praktische Versuche vornehmen kann. Zunächst wird im physikalischen Laboratorium das Messen technischer Größen geübt, durch genaue Messung der Dicke von Drähten und Stäben, Bestimmung des spezifischen Gewichtes, der festen Punkte des Thermometers u. a. m. Im Maschinenbaulaboratorium folgt dann die Bestimmung des Heizwertes der Brennstoffe, die Untersuchung der Verbrennungsgase, Indizieren von Dampfmaschinen, ferner Materialprüfungen. Im elektrotechnischen Laboratorium endlich werden Strommessungen, sowie Untersuchungen von Dynamomaschinen, Elektromotoren und von elektrischen Kraft- und Beleuchtungsanlagen ausgeführt.

Bei der Vielseitigkeit des Stoffes, welcher an der niederen Maschinenbauschule durchzunehmen ist, kann auf die Baukonstruktionslehre (Holz-, Stein- und Eisenkonstruktion) nur kurz eingegangen werden, obgleich auch dieses Fach für jeden angehenden Techniker von großer Bedeutung ist.

Schließlich sei noch des Samariterunterrichts gedacht, in welchem die Maßnahmen besprochen werden, die im Falle eines gewerblichen Unfalls bis zur Ankunft des Arztes zu treffen sind. Es ist dies insofern auch von großer Bedeutung, weil eine unrichtige Hilfeleistung oft mehr schaden, wie nützen kann.[1]

Für den Unterricht an der höheren Maschinenbauschule gelten in vieler Hinsicht die gleichen Gesichtspunkte, wie für

---

[1] Ein derartiger Samariterkursus ist auch für die höhere Abteilung eingerichtet.

die niedere Abteilung; ich werde daher nur auf den Unterschied des Unterrichts beider Abteilungen und auf die weiter gehenden Ziele der höheren Maschinenbauschule hinweisen.

Wir hörten bereits, daß der junge Mann, welcher nach Erlangung des Einjährig-Freiwilligen-Zeugnisses die Laufbahn des Maschinentechnikers erwählt, während der praktischen Tätigkeit bestrebt sein muß, die Kenntnisse, welche er sich auf der höheren Schule (Gymnasium usw.) angeeignet hat, namentlich in bezug auf Mathematik und Naturwissenschaften zu erhalten und zu ergänzen; außerdem muß er einige Fertigkeit im Zeichnen auf die höhere Maschinenbauschule mitbringen.

Bei der viel weiter gehenden Vorbildung der Schüler kann die höhere Maschinenbauschule natürlich in allen Fächern von Anfang an bedeutend größere Ansprüche stellen, ferner sind ja auch die Ziele ganz andere, als in der niederen Abteilung; denn man will ja hier diejenigen Grundlagen geben, welche die jungen Leute befähigen, sich allmählich in der Praxis zu Betriebsleitern und Konstrukteuren ausbilden zu können. Aus eben diesem Grunde wird in der höheren Maschinenbauschule auf die Förderung der mathematischen Kenntnisse, sowie der zeichnerischen und konstruktiven Fähigkeiten ganz besonders großer Wert gelegt.

Der mathematische Unterricht, welcher auf alle vier Klassen verteilt ist, setzt vom Schüler etwa diejenigen Kenntnisse voraus, welche das Endziel bei der niederen Abteilung sind. In der untersten Klasse wird dieses Gebiet hauptsächlich wiederholt und ergänzt, in der 3. Klasse Reihen- und Kurvenlehre, in der 2. numerische Gleichungen höheren Grades sowie die Theorie der Maxima und Minima durchgenommen und durch Beispiele aus der Praxis geübt, in der obersten Klasse wird hauptsächlich wiederholt und außerdem werden technische Aufgaben gerechnet. Von einem Eingehen auf die Differential- und Integralrechnung, wie dies an vielen privaten technischen Lehranstalten geschieht, sieht man dagegen an den Kgl. höheren Maschinenbauschulen ab, weil die Art der späteren praktischen Beschäftigung der jungen Leute, welche unsere Anstalten durchgemacht haben, die Kenntnis der höheren Mathematik weder voraussetzt, noch jemals erfordert.

Auch alle künstlichen Umgehungen der höheren Mathematik werden vermieden und damit auch jeder Übergriff in das Lehrgebiet der technischen Hochschulen.

An den höheren Maschinenbauschulen gilt ganz allgemein der Grundsatz, daß, wo die Elementarmathematik zur Begründung mathematischer Formeln oder von Berechnungsgrundlagen oder zur Rechtfertigung des Urteils versagt, da sollen die Anschauung, das praktische Beispiel an Hand der Sammlungen und Werkstätten sowie das graphische Verfahren einsetzen.

Entsprechend der besseren mathematischen Vorkenntnisse der Schüler, wird schon in den beiden untersten Klassen der höheren Abteilung die Mechanik (Lehre vom Gleichgewicht und der Bewegung sowie Festigkeitslehre) in bedeutend weiterem Umfange durchgenommen, als an der Maschinenbauschule, in der 2. Klasse folgt die Mechanik der Flüssigkeiten, sowie der Gase und Dämpfe, welches Gebiet für das Verständnis des technischen Unterrichts besonders förderlich ist; in der obersten Klasse wird der gesamte Lehrstoff der Mechanik wiederholt und ergänzt. Was ich schon früher in bezug auf die Mathematik und Mechanik gesagt habe, gilt auch für diesen Unterricht an der höheren Abteilung: es sind ebenso notwendige wie schwierige Fächer, welche sowohl in der Schule, wie auch bei der häuslichen Arbeit, den allergrößten Fleiß erfordern. Freiwillige Übungen, durch Rechnung von Beispielen, können daher nicht dringend genug empfohlen werden.

Eine sehr wertvolle Ergänzung für die Mechanik ist auch in der höheren Abteilung die Physik, welche in der 4. Klasse die Gesetze des Gleichgewichts und der Bewegung durch Versuche vorführt, außerdem werden in diesem Semester auch die für die Technik wichtigen Abschnitte der Optik durchgenommen; in der 3. Klasse folgt dann die Wärmelehre, in welcher hauptsächlich die für den Maschinenbau notwendigen Kapitel besprochen werden, besonders die

Gesetze der Gase und Dämpfe, Beziehung zwischen Wärme und Arbeit u. a. m.

In nahem Zusammenhange mit der Physik und, gleichzeitig wie diese, die Grundlage für die Elektrotechnik bildend, steht der chemische Unterricht, welchem in der untersten Klasse der höheren Maschinenbauschule wöchentlich 4 Stunden gewidmet sind. Im Gegensatz zur niederen Abteilung, beschränkt man sich hier nicht darauf, die stofflichen Veränderungen der wichtigsten gewerblichen Prozesse zu erklären, sondern es wird auch auf die Natur der chemischen Umsetzungen näher eingegangen, die wesentlichsten Unterschiede der einzelnen Gruppen von chemischen Verbindungen genauer besprochen und die Mengen der Stoffe berechnet, welche bei chemischen Umwandlungen auf einander einwirken. Besondere Beachtung findet natürlich mit Rücksicht auf die Praxis der Verbrennungsprozeß und die Technologie des Wassers.

Die Fortsetzung des chemischen Unterrichts bildet in der 3. Klasse die Hüttenkunde, in welcher die Gewinnung der technisch wichtigen Metalle durchgenommen wird, wobei auch die in Betracht kommenden chemischen Vorgänge näher erklärt werden.

Der elektrotechnische Unterricht, welcher in der höheren Abteilung in den drei obersten Klassen erteilt wird, verfolgt im großen und ganzen den gleichen Zweck wie in der Maschinenbauschule, nämlich dem Schüler die Erzeugung des elektrischen Stromes und dessen Messungen vorzuführen. Alle Arten von Dynamomaschinen, Elektromotoren und Transformatoren werden durchgenommen, mit besonderer Berücksichtigung der Kraft- und Lichtanlagen, ferner wird die Untersuchung des Stromnetzes genauer erörtert. Entsprechend der weitergehenden mathematischen Ausbildung der Schüler kann man auch die Grundlagen der elektrotechnischen Maßsysteme näher eingehen.

Wenden wir uns nun zu den rein technischen und zeichnerischen Fächern, so ist zunächst nochmals hervorzuheben, daß auf diese ein ganz besonderer Wert gelegt wird, mit Rücksicht darauf, daß viele junge Leute von der höheren Maschinenbauschule aus sich der Bureaupraxis widmen. Es wird daher von Anfang an darauf gehalten, daß der Schüler nicht nur schön und sauber zeichnen lernt, sondern daß er auch bald imstande ist, technisch richtige Zeichnungen und Skizzen, namentlich Werkstattzeichnungen anzufertigen.[1]) Um die zu zeichnenden Gegenstände in der Form möglichst der Wirklichkeit entsprechend zu gestalten, werden den Darstellungen und Konstruktionen (außer im vorbereitenden Zeichnen) keine Unterrichtsmodelle zugrunde gelegt, sondern stets wirkliche Ausführungen aus der Praxis. Ganz besonderer Wert wird auf die Vollständigkeit der Zeichnung gelegt, auf die sorgfältig richtige Darstellung und ganz speziell auch auf das schon früher erwähnte richtige Einschreiben von Maßzahlen; denn unvollständige und fehlerhaft dargestellte Zeichnungen mit ungenügenden oder falsch eingeschriebenen Maßzahlen kann die Technik nicht gebrauchen.[2])

In der darstellenden Geometrie werden die Projektionsgesetze besprochen und an praktischen Beispielen zeichnerisch geübt, ebenso die Schnitte von Ebenen mit Ebenen und mit Körpern; in der 3. Klasse wird die darstellende Geometrie mit der Durchnahme schwieriger Durchdringungen von Körpern zum Abschluß gebracht.

Das Maschinenzeichnen steht im direkten Zusammenhange mit dem Unterricht in den Maschinenelementen. Es werden die betreffenden Maschinenteile hinsichtlich ihrer Herstellung und Verwendung besprochen, skizziert und konstruiert, auch soweit erforderlich berechnet und zwar in der untersten Klasse: Schrauben, Nieten, Keile, Röhren, Ventile, Hähne und Stopfbüchsen, ferner Lager und Kuppelungen. In der

---

[1]) Diese allgemeinen Grundsätze für den Zeichenunterricht haben natürlich auch für die niedere Abteilung Gültigkeit.

[2]) In der untersten Klasse der höheren Maschinenbauschule wird daher auch Rundschriftunterricht erteilt, von welchem aber diejenigen Schüler befreit werden können, welche den Nachweis führen, daß sie bereits genügende Fertigkeit im Beschreiben der Zeichenbögen besitzen.

3. Klasse folgen Achsen und Wellen, Friktions- und Zahnräder, Seil- und Riemenscheiben, Kolben und Kolbenstangen; in der 2. Klasse werden dann noch Pleuelstangen, Kurbeln und Exzenter, ferner Kreuzkopf- und Geradführung besprochen und in der obersten Klasse schließlich das ganze Gebiet wiederholt und ergänzt.

Die Baukonstruktionslehre spielt an der höheren Maschinenbauschule natürlich auch eine viel größere Rolle; sie soll den jungen Mann nicht nur mit den Grundzügen des Hochbaus vertraut machen, sondern er muß später auch imstande sein, kleinere Entwürfe dieser Art selbständig ausführen zu können. Dementsprechend verteilt sich die Baukonstruktionslehre auf alle vier Klassen der höheren Maschinenbauschule, und zwar werden behandelt Mauer-, Holz- und Eisenkonstruktionen, sowie die dazu gehörigen Festigkeitsberechnungen; im Anschluß daran werden auch Pläne von Fabrikanlagen gezeichnet.

Wenden wir uns nun zu den speziellen Fächern des Maschinenbaus, wie Dampfkessel, Dampfmaschinen, Gasmotoren, Hebemaschinen, hydraulische Motoren und Werkzeugmaschinen, so gilt hier natürlich ungefähr dasselbe wie für die niedere Abteilung; da aber die jungen Leute von der höheren Maschinenbauschule später vielfach zur Konstrukteurlaufbahn übergehen, so wird auf das Berechnen und Entwerfen von Maschinen und deren Einzelteilen in der höheren Abteilung viel genauer eingegangen.

Ebenso haben hier die Übungen im physikalischen, elektrotechnischen und im Maschinenbaulaboratorium entsprechend der besseren Vorbildung der Schüler und mit Rücksicht darauf, daß dieselben später wesentlich andere Berufsstellungen einnehmen sollen, als wie die Maschinenbauschüler, viel weiter gehende Ziele, als in der zweiten Abteilung.

Die Technologie verfolgt in beiden Abteilungen ungefähr die gleichen Ziele. Zur Unterstützung des technischen Unterrichts finden ebenfalls Exkursionen statt nach Maschinenfabriken und anderen gewerblichen Anlagen, deren Besichtigung dem Schüler Gelegenheit zur Belehrung bietet.

Schließlich ist es im Lehrplan der höheren Maschinenbauschule auch ermöglicht worden, dem jungen Manne
Gelegenheit zu bieten, sich mit den kaufmännischen Grundlagen des Fabrikbetriebes vertraut zu machen. Im „Veranschlagen" lernt er die Berechnung des Herstellungs- und
Verkaufspreises von Maschinenteilen kennen, unter Berücksichtigung des Arbeitslohnes und der Materialkosten; in der
„Geschäftskunde" wird der Schüler mit den wichtigsten
Grundzügen der Buchführung bekannt gemacht. Da nun
aber in der höheren Abteilung, wegen der zeitlichen Beschränkung des großen Unterrichtsgebietes auf zwei Jahre,
eine eingehende Erörterung der gewerblichen und volks-
wirtschaftlichen Grundgesetze nicht möglich ist, so wird
erwartet, daß jeder junge Mann, welcher die höhere
Maschinenbauschule besucht hat, aus eigenstem Antriebe bestrebt ist, alle sich bietenden Gelegenheiten wahrzunehmen,
um seine allgemeine Bildung durch Erwerbung gründlicher
Kenntnisse der gewerblichen Gesetzeskunde und der National-
ökonomie zu erweitern.

Natürlich konnte ich hier nur sehr allgemein auf die
einzelnen Unterrichtsfächer eingehen; und es geschah dies
auch bloß hauptsächlich, um zu zeigen, wie die Lehrpläne
direkt für die Praxis zugeschnitten sind. Hinsichtlich der Unter-
richtsverteilung und die wöchentliche Stundenzahl, verweise
ich auf den im Anhang angefügten Erlaß des Herrn Ministers
für Handel und Gewerbe.

Alles nähere über den Unterricht ist aus den Programmen
der einzelnen Maschinenbauschulen zu ersehen.

Bezüglich der früher erwähnten Abteilung für Schiffsmaschinenbau an der höheren Maschinenbauschule in Kiel
sei noch bemerkt, daß sie in Hinsicht der Aufnahmebedingungen, Anforderungen des Unterrichts und der Abschluß-
prüfungen, im wesentlichen der ersten Abteilung unserer
Maschinenbauschulen entspricht. Jedoch ist an der Schiffs-
maschinenbauschule die Baukonstruktionslehre durch den
Unterricht im „Schiffsbau" ersetzt und zwar werden aus
diesem Gebiete durchgenommen: die Hauptabmessungen des
Schiffes, Schiffslinien, die Schiffsverbände im allgemeinen,

Maschinen- und Kesselfundamente, der Wellentunnel, Schächte, Kohlenbunker, Radkästen, Hintersteven, Wellenböcke, Wellenaustritte, dann Auszeichnen von Bauspanten nach gegebenen Linienrissen, Eintragung der Längsverbände u. a. m.

Der Unterricht im Werkzeugmaschinenzeichnen ist um eine Wochenstunde vermindert, dagegen haben Hebemaschinen (Vortrag und Übungen) je eine Stunde mehr. Gaskraftmaschinen und hydraulische Motoren fallen in dieser Abteilung weg, und in der Lehre von den Dampfkesseln und Dampfmaschinen, werden besonders Schiffskessel und Schiffsmaschinen durchgenommen. Näheres hierüber ist aus dem Programm der Kieler Maschinenbauschule (1905) zu ersehen.

V. Die baulichen Einrichtungen der Maschinenbauschulen.

Wie aus dem vorigen Kapitel zu ersehen ist, zerfällt der Unterricht in Vorträge, Zeichenübungen und Laboratoriumsarbeiten. Diese Vielseitigkeit des Lehrplans mußte auch bei der Errichtung der Gebäude für unsere Anstalten berücksichtigt werden und überall, wo im Laufe der Jahre Maschinenbauschulen entstanden sind, haben Staat und Gemeinde gewetteifert, bauliche Einrichtungen zu schaffen, welche den weitestgehenden Anforderungen in technischer, wie auch hygienischer Hinsicht, in mustergültiger Weise, voll und ganz entsprechen.

Es würde wohl zu weit führen, wenn ich hier die baulichen Einrichtungen sämtlicher Maschinenbauschulen beschreiben wollte, ich möchte mich vielmehr darauf beschränken, die Einrichtungen der Schulen in Altona, Cöln, Dortmund und Elberfeld-Barmen zu besprechen, und meine Ausführungen durch beigefügte Pläne zu ergänzen. Auch alle übrigen Königl. preußischen Maschinenbauschulen sind in ähnlicher Weise eingerichtet.

Kgl. Höhere Maschinenbauschule in Altona.

Errichtet unter Leitung des Herrn Direktor Richard Schulze, jetzt Direktor der Kgl. Verein. Maschinenbauschulen in Magdeburg.

I. Das Hauptgebäude.

Das Gebäude ist in bevorzugter Gegend der Stadt, 3 Minuten vom Hauptbahnhofe entfernt, an der Fritz Reuterstraße, einem von der Allee nach Norden abzweigenden, mit breitem bepflanzten Mittelperron ausgebauten Straßenzuge, 6,0 m hinter der Straßenfluchtlinie errichtet.

Im Erdgeschoß sind unmittelbar neben dem Haupteingang in das Schulgebäude die Geschäftszimmer, nämlich das Zimmer für den Schuldiener, das Amtszimmer des Direktors, nebst Zimmer für den Sekretär, angeordnet. Auf der diesen Räumen gegenüberliegenden Seite des Einganges liegt das Unterrichtszimmer für Physik und Chemie, nebst angrenzendem Vorbereitungs- und Sammlungsraum, und der Vortragssaal für Elektrotechnik, nebst Vorbereitungszimmer und Sammlungsraum. Außer den genannten Räumen befinden sich im Erdgeschoß noch ein Unterrichtssaal, sowie zwei Sammlungsräume.

Im I. Obergeschoß befinden sich das Konferenzzimmer, das Lehrerzimmer, das Arbeitszimmer für Ingenieure, vier Unterrichtssäle und zwei Sammlungsräume. Von letzteren ist je einer zwischen zwei Unterrichtssälen liegend angeordnet.

Im II. Obergeschoß liegt die Aula, welche gleichzeitig mit dem danebenliegenden, durch eine Tür verbundenen Sammlungsraum zu Vorträgen und zu Ausstellungszwecken benutzt werden soll. Ferner liegen in diesem Geschosse noch drei Unterrichtssäle, zwei Sammlungsräume, die Bibliothek mit Lesezimmer und ein Zimmer, welches die Patentschriften enthält.

In allen Stockwerken ist ein abgeschlossener Waschraum eingerichtet.

In dem hochliegenden Kellergeschoß sind, außer den für die Heizung und für die Unterbringung der Feuerungsmaterialien erforderlichen Räumen noch eine Anzahl Zimmer zu Unterrichtszwecken (Raum für Elektrolyse, Akkumulatoren-, Dynamo-, Arbeits-, Photometrier- und Meßraum) untergebracht. Ein Lichtpaus-Pavillon ist oberhalb der Haupttreppe im Dachgeschoß vorhanden; neben diesem befindet sich ein großer Raum zum Trocknen der Lichtpausen.

Für ausgiebige Tagesbeleuchtung in sämtlichen Unterrichtsräumen ist gesorgt, namentlich auch dafür, daß die am weitesten von den Fenstern entfernt liegenden Plätze noch gutes Licht erhalten, indem die Fenster möglichst hoch bis zur Decke gehend angeordnet sind. Auch alle übrigen

Räume des Gebäudes, die Eingangshalle, die Korridore, welche größtenteils nur einseitig eingebaut sind, und das Treppenhaus sind gut beleuchtet und gut zu lüften.

Zur künstlichen Beleuchtung des Gebäudes ist eine elektrische Beleuchtungsanlage vorhanden, und zwar erfolgt die Beleuchtung in den Hörsälen durch Bogenlampen mit Reflektor. Durch den letzteren wird der Lichtbogen an die Decke geworfen und von hier nach den Arbeitsstellen reflektiert, wodurch die bei direkter Bestrahlung der Arbeitsstellen sich zeigenden starken Schattenwirkungen fast gänzlich vermieden werden. In allen übrigen Räumen erfolgt die Beleuchtung durch Glühlampen.

Der für die Beleuchtungszwecke erforderliche elektrische Strom wird durch eine im Maschinenlaboratorium befindliche stehende Dampfmaschine, mit direkt gekuppelter Dynamomaschine, erzeugt. Lieferanten der Gesamt-Lichtanlage einschl. Akkumulatorenbatterie sind die Hanseatischen Siemens-Schuckert-Werke in Hamburg.

Für die Erhaltung guter Luft in den Räumen ist durch die Anordnung großer Stockwerkshöhen (Keller 3,00 m. i. L., Erdgeschoß 4,52 m, I Stock 4,42 m, II. Stock 4,32 m i. L) Vorsorge getroffen, und außerdem ist Zuführung frischer Luft, welche durch Kanäle in die Räume geführt und an den Heizkörpern vorgewärmt wird und Abführung der verbrauchten Luft vorgesehen.

Zur Erwärmung der Räume ist im Gebäude eine Warmwasser-Niederdruckheizung eingerichtet.

Als Heizkörper sind glatte Radiatoren zur Anwendung gekommen.

Hinsichtlich der Konstruktion und Materialverwendung für die einzelnen Bauteile des Gebäudes ist zu bemerken, daß die Kellerräume überwölbt sind, daß ebenso die Eingangshalle, die Korridore, das Haupttreppenhaus und die Waschräume massive Decken und die übrigen Räume Balkendecken erhalten haben.

Die mit massiven Decken versehenen Räume sind mit hartem Fußbodenbelag versehen, und zwar sind die Unterrichtsräume im Keller mit rheinischen Tonplatten auf Beton-

Grundriß des Schulgebäudes der Königl.

a) Kellergeschoß.

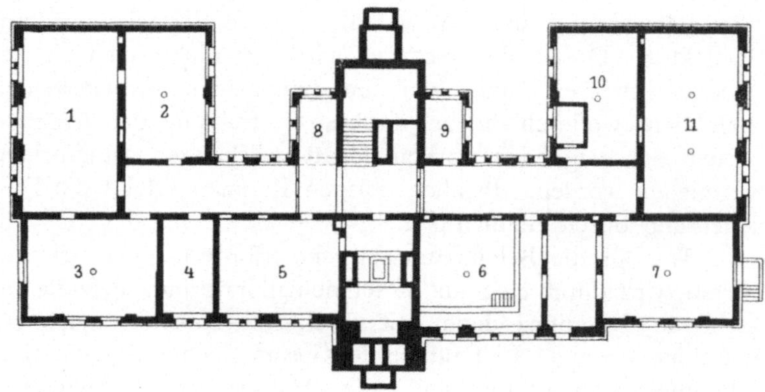

1. Meßsaal, 2. Dynamoraum, 3. Arbeitssaal, 4. Akkumulatorenraum, 5. Raum
für Elektrolyse, 6. Heizraum, 7. Kohlenraum, 8. Waschraum, 9. Abort,
10. Photometrierraum, 11. Reserveraum.

b) Erdgeschoß.

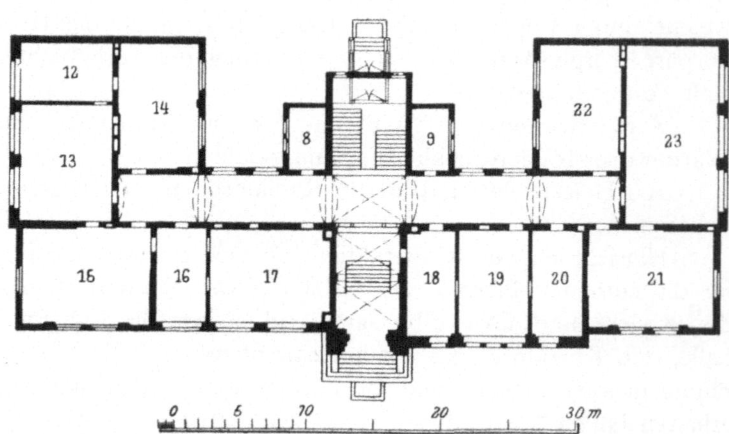

12. Vorbereitungszimmer, 13. Vortragssaal für Elektrotechnik, 14.—16. Sammlungsräume, 17. Vortragssaal für Physik und Chemie, 18. Schuldiener, 19. Direktor,
20. Rendant, 21.—22. Sammlungsräume, 23. Unterrichtsraum, 8. Waschraum,
9. Abort.

Höheren Maschinenbauschule in Altona.

c) I. Stockwerk.

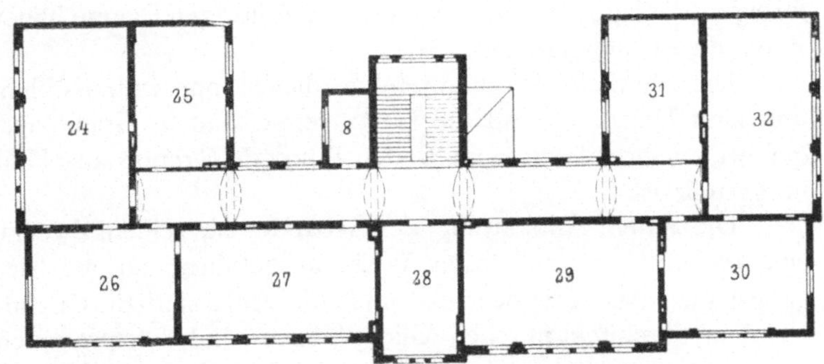

24., 27., 29., 32. Unterrichtsräume, 26., 30. Sammlungsräume, 25. Konferenzzimmer, 31. Lehrerzimmer, 28. Arbeitszimmer, 8. Waschraum.

d) II. Stockwerk.

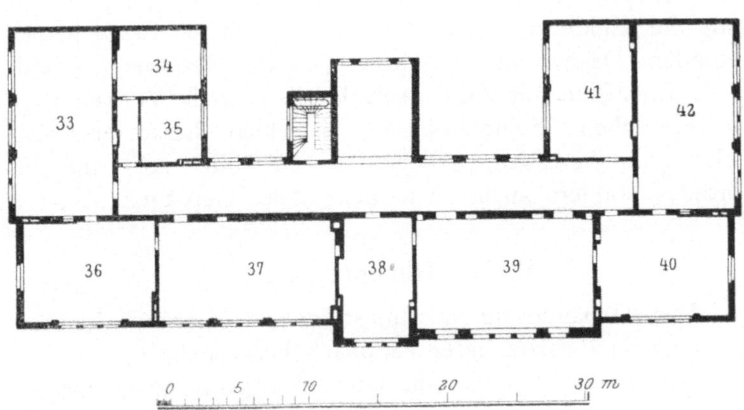

33., 37., 42. Unterrichtsräume, 36., 40., 41. Sammlungsräume, 34. Bibliothek,
35. Lesezimmer, 38. Lehrerzimmer, 39. Aula und Ausstellungssaal.

unterlage, die Heizungs- und Kohlenräume mit hochkantigem Klinkerpflaster und alle übrigen Räume im Keller mit Zementplatten belegt, während die Eingangshalle, die Korridore, das Treppenhaus, die Wasch- und Toilettenräume und der Lichtpausraum Fußbodenbelag von Mettlacher Platten mit farbigen Einlagen erhalten haben. Alle übrigen Räume haben Fußbodendielung erhalten.

Die sämtlichen Außentreppen, die Treppe zum Kohlen- und zum Heizraum und die Haupttreppe sind in Granit ausgeführt, während die zum Boden führende Treppe aus Holz hergestellt ist.

Die innere Ausstattung des Gebäudes ist, seinem Zwecke entsprechend, in einfachster Weise ausgeführt, nur die Eingangshalle, das Treppenhaus und die Aula sind durch Anwendung architektonischer Gliederungen und letztere noch durch die Anordnung eines Wandpaneels und von mit Malerei versehenen Fenstern reicher ausgestattet.

Bei dem Gebäudeäußern ist die Wirkung der wuchtigen Linienführung durch markante Gruppierungen und Massenverteilungen unterstützt worden.

Die Wahl echten Materials für die Fassaden, welche in den Formen der Frührenaissance zur Ausführung gebracht sind, die Eindeckung der hohen, stark in die Erscheinung tretenden Dächer mit braunrot glasierten Dachziegeln und der Turmflächen mit Kupfer sowohl, als auch die Verwendung bildhauerischen Schmucks an einzelnen hervorragenden Stellen der Fassaden, geben dem Gebäude nicht nur ein würdiges, sondern auch ein monumentales Gepräge.

II. Das Nebengebäude.

Das Gebäude für das Maschinenlaboratorium ist auf dem Hofe in Putzbau unter Pappdach hergestellt.

An Räumen erhält dasselbe eine große mechanische Werkstatt, einen Versuchsraum, einen Maschinenraum mit Keller, einen Akkumulatorenraum, ein Kesselhaus nebst Kohlenraum, eine kleine Schmiede, ein Magazin und die Abortanlage für die Schüler.

Der unterkellerte Teil des Maschinenraumes ist überwölbt und der Fußboden desselben, sowie die Fußböden in der Werkstatt, im Kesselhause, in der Schmiede und im Versuchsraum sind mit Zementplatten belegt, die Fußböden im Maschinen- und Akkumulatorenraum und im Abortgebäude haben rheinischen Tonplattenbelag auf Betonunterlage erhalten.

Die Wände im Maschinen- und Akkumulatorenraum sind bis zu 2 m über Fußboden mit Mettlacher Verblendplättchen belegt, alle übrigen Wandflächen im ganzen Gebäude haben glatten Putz in Zementmörtel erhalten.

Die Treppe zum Keller ist aus Kunststein hergestellt.

Für die Tagesbeleuchtung der Räume sind, außer den in in den Mauern angebrachten Fenstern, Oberlichtfenster in den Shed-Dächern vorgesehen.

Die Beheizung der Räume erfolgt durch den Abdampf der Maschinen, oder durch Frischdampf, außerdem ist durch Anlage von Schornsteinen auch noch die Aufstellung von Öfen ermöglicht.

Die künstliche Beleuchtung der sämtlichen Räume erfolgt durch die oben angeführte elektrische Lichtanlage.

Die Vorder- und Seitenansichten des Gebäudes haben in den Architekturteilen glatten Zementputz und in den Flächen zwischen denselben rauhen Kieszementputz erhalten.

Der für den Dampfkessel erforderliche Schornstein ist in einer Höhe von 32 m ausgeführt, um eine Belästigung der Nachbarschaft durch Rauch nach Möglichkeit zu vermeiden.

Die Baukosten der beiden vorstehend beschriebenen Gebäude haben über 400 000 Mark betragen.

Die Pläne für die Gebäude sind in der Hochbauabteilung des Statdbauamtes unter Leitung des Herrn Stadtbauinspektor Brandt aufgestellt.

III. Das elektrotechnische Laboratorium.

Die Laboratorien für die praktischen Übungen der Schüler in der Elektrotechnik sind im Untergeschoß des Hauptgebäudes untergebracht. Sie bestehen aus drei großen

Räumen, von denen einer nur zu Maschinenmessungen benutzt wird. In letzterem Raume sind drei verschiedenartige Gleichstrom-Dynamomaschinen und drei Drehstrommotore aufgestellt. Die Gleichstrommaschinen erhalten ihren Antrieb durch eine von einem Elektromotor angetriebene Transmission, während die Drehstrommotore durch einen ebenfalls in diesem Raum aufgestellten Gleichstrom-Drehstrom-Umformer Strom erhalten. Sämtliche Maschinen sind derartig aufgestellt und eingerichtet, daß alle für die Praxis in Betracht kommenden Messungen ausgeführt werden können.

Außer diesen Maschinen steht noch die im Maschinenlaboratorium aufgestellte Dreileiter-Gleichstrommaschine von 20 000 Watt und eine dementsprechende Akkumulatorenbatterie zur Verfügung.

Die beiden anderen Räume, die zu Widerstands-, Strom- und Spannungsmessungen, sowie zum Prüfen von Strom- und Spannungsmessern und Elektrizitätszählern, für magnetische Messungen usw. dienen, werden durch eine mit einer Versuchsbatterie verbundene Leitung mit Strom versehen. Die Batterie gestattet, mit Hilfe einer besonderen Schaltvorrichtung, die verschiedensten Spannungen herzustellen. Außerdem dienen als Stromquellen transportable Akkumulatoren und verschiedene Elemente. Die im Laboratorium zur Verwendung gelangenden Meßinstrumente sind sämtlich von erstklassigen Firmen bezogen und bieten in bezug auf Ausführung, Brauchbarkeit und Mannigfaltigkeit das neueste und beste.

IV. Das Maschinenlaboratorium.

a) Der Maschinenraum.

Dieser enthält:

1. eine stehende Zweizylinder-Verbunddampfmaschine mit Auspuff, gebaut von der Ottensener Maschinenfabrik J. F. Ahrens. Die Maschine leistet normal 35 PS, sie ist direkt gekuppelt und mit einer Gleichstrom-Dreileiterdynamo, welche bei einer Umdrehungszahl von 350 i. d. Min. normal 20 KW leistet und zur Erzeugung

Grundriß des Maschinenlaboratoriums der Kgl. Höheren Maschinenbauschule in Altona.

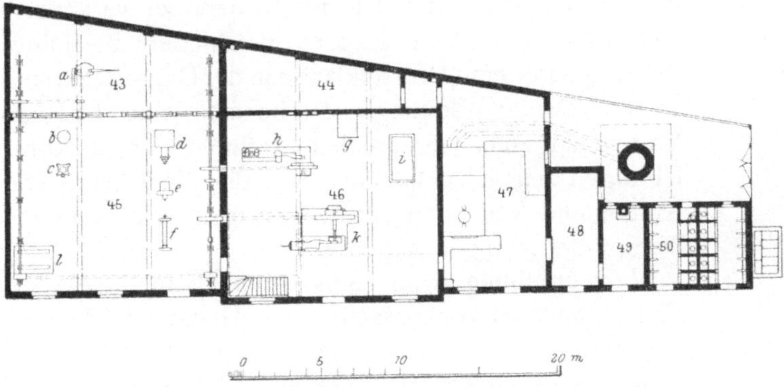

43. Versuchszimmer, a) Materialprüfungsmaschine, 44. Akkumulatorenraum, 45. Werkstatt, b) Schleifmaschine, c) Bohrmaschine, d) Stoßmaschine, e) Fraismaschine, f) Drehbank, l) Versuchsrost, 46. Maschinenraum, g) Schaltbrett, h) Dampfpumpe, i) Lichtmaschine, k) Versuchsdampfmaschine, 47. Kesselhaus, 48. Kohlenraum, 49. Schmiede, 50. Aborte.

des Lichtes für die Anstalt dient. Die Steuerung des Hochdruckzylinders wird von einem Achsenregulator beeinflußt;

2. eine liegende Einzylinder-Dampfmaschine mit Auspuff, gebaut von der Firma Menck & Hambrock, Altona-Ottensen. Die Maschine leistet normal 20 PS, sie dient zum Betriebe der Werkzeugmaschinen und der Materialprüfungsmaschine und gleichzeitig als Versuchsmaschine. Der Zylinder kann mit und ohne Dampfhemd arbeiten. Der hintere Zylinderdeckel enthält einen besonders großen Hohlraum, der zur Vergrößerung des schädlichen Raumes mit dem Zylinderinnern durch ein Ventil verbunden werden kann. Die Maschine hat Ridersteuerung. Der von einem Schwungkugel-Regulator beeinflußte Expansionsschieber ist geteilt und kann durch Verstellung von Hand außer Betrieb gesetzt werden. Auch der Grundschieber ist

geteilt und kann ebenfalls von Hand verstellt werden, um die Überdeckungen zu ändern. Gleichzeitig gestattet eine halbe Stephenson'sche Kulisse, Exzentrizität und Voreilwinkel des Grundschiebers zu verändern. Bei Ausschaltung des Expansionsschiebers beeinflußt der Regulator eine Drosselklappe in der Dampfzuleitung. In die Abdampfleitung ist ebenfalls eine Drosselklappe eingeschaltet, um den Einfluß zu enger Rohrleitungen zeigen zu können. Um die Undichtheit von Kolben und Schieber nachzuweisen, sind entsprechende Dampfüberleitungen angebracht.

Verschraubungen für Indikatoren, Manometer und Thermometer sind vorgesehen, desgleichen eine Bremsvorrichtung. Alle Einstellungen an der Steuerung sind außen durch Skalen zu erkennen.

Der Abdampf der Maschinen ev. auch Frischdampf dient zur Heizung des Maschinenlaboratoriums;

3. eine liegende, doppeltwirkende Dampfpumpe von Koch, Bantelmann & Paasch in Magdeburg-Buckau, welche einerseits als Versuchspumpe dient, andererseits auch Druckwasser für den Bedarf des Laboratoriums erzeugen kann. Die stündliche Liefermenge beträgt 25 cbm bei 100 m Druckhöhe.

Die Pumpe ist derartig eingerichtet, daß die verschiedenartigsten Untersuchungen vorgenommen werden können: Die Untersuchung mittels des Indikators an der Dampf- und an der Pumpenseite, die Druckprobe mit Luft und mit Wasser, die Vakuummesserprobe, die Feststellung des mechanischen und volumetrischen Wirkungsgrades. Der Pumpenzylinder ist ferner mit Schaugläsern versehen, um das Spiel der auswechselbaren Ventile beobachten zu können. Zu diesem Zwecke wird der betreffende Teil im Innern der Pumpe durch eine elektrische Glühlampe erleuchtet. Um die Ventilerhebung während des Ganges der Pumpe genau zu verfolgen, sind die Ventile und Ventilkästen derartig ausgebildet, daß Ventildiagramme abgenommen werden können. Um den Einfluß der

Rohrleitungswiderstände aus dem Indikatordiagramm zu erkennen, sind zwei verschiedene Saugrohre vorgesehen;

4. ein Laufkran für eine Last von 1000 kg von der Firma Seidler & Spielberg in Altona-Ottensen geliefert, welcher zur Montage und Demontage der Maschinen dient. Die Längsträger dieses Kranes haben von den Laufrollen aus, nach jeder Seite, hin eine freie Ausladung von 4,0 m.

b) Das Kesselhaus.

Das Kesselhaus enthält einen Flammrohrkessel mit seitlichem Wellrohr von 24 qm Heizfläche (Geschenk der Maschinenfabrik und Kesselschmiede von Lange & Gehrckens zu Altona-Ottensen) nebst ausschaltbarem Röhrenüberhitzer von 8 qm Heizfläche. Um die Zusammensetzung und Temperatur der Rauchgase, sowie die Zugstärke und die Leitungswiderstände unter verschiedenen Versuchsbedingungen zu bestimmen, sind an verschiedenen Stellen der Feuerzüge und des Fuchses verschließbare Öffnungen vorgesehen. Der reichlich bemessene Schornstein ist 32 m hoch bei 0,8 m lichtem oberen Durchmesser. Thermometer hinter dem Überhitzer und vor den Dampfmaschinen erlauben die Messung der Dampftemperaturen. Ein Rohrbruchventil dicht hinter Kessel und Überhitzer ist zur Sicherung und für Versuche bestimmt. Das Speisewasser wird in einem Speisewasserreiniger nebst Filter, geliefert von Alfred Gutmann, Akt.-Ges. für Maschinenbau zu Ottensen, auf chemischem Wege unter Vorwärmung durch Abdampf gereinigt. Zur Bestimmung der Speisewassermenge dient eine Dezimalwage mit Meßbehälter; ein Tandem-Injektor von Schäffer & Budenberg und eine Duplex-Dampfpumpe von Weise & Monski, die ebenfalls für Versuchszwecke eingerichtet sind, drücken das aus dem Meßbehälter dem Speisebehälter zufließende Wasser in den Kessel. Auf die Möglichkeit des späteren Einbaues eines Rauchgas-Ausnützers in den Fuchs ist Rücksicht genommen. Die Kohlen und Schlacken werden auf einer Brückenwage mit Druckapparat, geliefert von der

Wagenfabrik Gebr. Eßmann & Co. zu Altona-Ottensen, gewogen.

c) Die mechanische Werkstatt.

Im südlichen Teile des Laboratoriumgebäudes ist die etwa 150 qm Grundfläche enthaltende mechanische Werkstatt untergebracht. Dieselbe enthält außer den beiden Transmissionen die nachstehend aufgeführten Werkzeugmaschinen:

1. eine Leitspindel-Support-Drehbank von 200 mm Spitzenhöhe und 2000 mm Drehlänge von der Werkzeugmaschinenfabrik Wohlenberg in Hannover,
2. eine Vertikal-Bohrmaschine von der Werkzeugmaschinenfabrik Fischer & Winsch in Dresden,
3. eine Universal-Fräsmaschine von der Präzisions-Werkzeugmaschinenfabrik Reinecker in Chemnitz-Gablenz,
4. eine Universal-Werkzeugschleifmaschine von derselben Firma und
5. eine Stoßmaschine mit umlaufender Kurbelschleife von der Werkzeugmaschinenfabrik Droop & Rein in Bielefeld,
6. eine Mechaniker-Drehbank,

und außerdem zur leichten und bequemen Aufstellung und Untersuchung von Winden und auch anderen Maschinen einen Versuchsrost.

Nach Ermittelung der Geschwindigkeiten an den Werkzeugmaschinen sollen die Arbeitszeitmaße derselben für die verschiedenen Materialien berechnet werden.

d) Der Versuchsraum.

Für die praktischen Übungen der Schüler in der Materialprüfung ist eine stehende Festigkeitsmaschine für 50 000 kg Zug von der Firma Mohr & Federhaff, Mannheim, geliefert worden. Die Maschine besitzt die nötigen Vorrichtungen, um Untersuchungen auf Zug, Druck-, Scher- und Biegungsfestigkeit durchführen zu können; auch besitzen die Einspannvorrichtungen einen sehr leicht verstellbaren Hub, sodaß auch die Möglichkeit gegeben ist, Probestäbe nach den Vereinbarungen des Internationalen Verbandes einzuspannen und zu prüfen.

Die Anordnung der einzelnen Teile der Maschine ist so getroffen, daß der Probestab, der Kraftmesser und der Antrieb frei vor Augen liegt und leicht zugänglich ist. Zur Ermittelung der Belastungsresultate dient die Laufgewichtswage, deren Skalen auf Teilmaschinen geschnitten sind. Die Verschiebung des Laufgewichtes während des Versuches kann entweder von Hand aus oder durch elektrischen Antrieb selbsttätig erfolgen.

Zum Messen der Dehnung ist ein Dehnungsmesser vorgesehen, welcher in den Körnermarken am Probestabe befestigt wird. Dieser Apparat ist so eingerichtet, daß während des Versuches eine Feinmessung von $^1/_{100}$ mm vorgenommen werden kann.

Um die Spannungen und Dehnungen des Probestabes durch ein Schaubild zu erhalten, wird ein an der Maschine befindlicher selbsttätiger Diagrammapparat benutzt.

e) Das photographische Atelier.

Mit Rücksicht auf die erheblich gesteigerte Bedeutung, welche neuerdings die Verwendung guter Abbildungen von Maschinen und Anlagen in Gestalt von Photogrammen und umfangreicheren Zusammenstellungszeichnungen für den Unterrichtsbetrieb, gegenüber der Darstellung durch unvollkommene Tafelskizzen bietet, ist ein großer Projektionsapparat beschafft worden, welcher gestattet, nicht nur durchsichtige Glasbilder, sondern auch gewöhnliche Photographien und undurchsichtige Abbildungen und Skizzen mit auffallendem Lichte auf die Bildtafel zu werfen. Außerdem ist er mit den nötigen Einrichtungen versehen, um im physikalischen und chemischen Unterricht zur Ausführung optischer Versuche gebraucht werden zu können.

Zur Herstellung der für den Bildwerfer erforderlichen Glasbilder, sowie zur photographischen Aufnahme von Zeichnungen, Maschinen und Maschinenanlagen, ist ein photographisches Atelier eingerichtet, das mit einer großen, für vorstehende Zwecke besonders geeigneten Kamera, mit geräumiger Dunkelkammer sowie mit Einrichtungen zum Aufnehmen und Kopieren bei elektrischem Licht und dem nötigen Zubehör ausgestattet ist.

Die Kgl. Vereinigten Maschinenbauschulen in Cöln.[1])

Errichtet unter dem Direktorat des Herrn Gewerbeschulrat
Friedrich Romberg.

Zur Errichtung eines eigenen Heims für die vereinigten
Maschinenbauschulen wurde aus einem der Cölner Stadt-
erweiterung gehörigen Baublock im südlichen Teile der Neu-
stadt ein Grundstück von rund 7700 qm Größe überlassen,
das am Ubierring eine Frontlänge von 84 m, an der rück-
wärts vorbeiführenden Maternusstraße eine Frontlänge von
80 m besitzt, während die durchschnittliche Tiefe des Grundstücks 95 m beträgt. Der Hauptbau erhebt sich am Ubierring,
von dem aus man in der Mitte der Gebäudefront eine ge-
räumige Vorhalle betritt, in deren Mittelachse die 20 m zu
12 m große Aula liegt. Da dieser Raum nicht nur zu Schulfeiern, sondern auch zur Veranstaltung von Ausstellungen
und öffentlichen Vorträgen benutzt werden soll, wurde auf
seine leichte Auffindbarkeit, sowie darauf Wert gelegt, daß
das Publikum die Aula besuchen kann, ohne mit dem übrigen
Schulbetriebe in Berührung zu kommen. Von der Vorhalle
aus links liegen am Ubierring die Verwaltungsräume, und
zwar ein Lehrerzimmer, das Konferenzzimmer, das Sekretariat
und durch dieses zugänglich, das Zimmer des Direktors. Da
die östlich ans Schulgebäude anstoßende Baustelle für den
späteren Bau eines Dienstwohngebäudes für den Direktor bestimmt ist, wird das Direktorzimmer demnächst unmittelbare
Verbindung mit der Dienstwohnung haben. Rechts neben
der Eingangshalle liegt zunächst ein kleines Pedellzimmer, sodann
Sammlungs- und Vorbereitungszimmer, sowie Vortragssaal für
den physikalischen Unterricht. Letzterer Raum ist mit 126 qm
Fläche so groß angelegt, daß auch hier Experimentalvorträge

---

[1]) Alles nähere ergibt sich aus der Festschrift zur Einweihungsfeier am 24. Oktober 1904.

vor einer größeren Zuhörerschaft möglich sind. Nach dem Hofe zu liegen im Erdgeschoß auf beiden Seiten symmetrisch zueinander die Räume für den chemischen und den elektrotechnischen Unterricht, jeweils aus einem Vortragssaal, einem Vorbereitungszimmer und einem Laboratorium bestehend, und durch eigene kleine Verbindungstreppen mit Nebenräumen im Untergeschoß verbunden.

An beiden Enden des Erdgeschoßflurs führen dreiläufige, 2,75 m breite Treppen nach den beiden Obergeschossen, die einander gleiche Anordnung besitzen. Den Kern des Bauwerks nimmt hier jeweils ein 43 m langer, 13 m tiefer und 5 m hoher Sammlungsraum ein, um den sich die, auch von den Treppenfluren zugänglichen, Klassenräume gruppieren. Die in den Sammlungsräumen aufgestellten Modelle sollen stets ihren Platz behalten und können die Schüler, während des Unterrichts, auf kürzestem Wege aus den Klassen an die Sammlungsstücke herangeführt werden. Die Modelle sind auf Tischen aufgestellt, die gleich mit Skizziertischen verbunden sind. Tafeln zum Anheften von Vorlagen, sowie große Ausstellungsschränke vervollständigen die Ausrüstung der Sammlungsräume. Die Klassenzimmer sind sämtlich als Zeichensäle ausgerüstet und haben eine Größe von 92 bis 129 qm. An den Flurenden der kurzen Flügelanbauten liegen kleine Lehrerzimmer ferner die Aborte mit davorbefindlichen Vorräumen, die mit Einrichtungen zum Abweichen und Bespannen der Zeichenbretter versehen sind. In der Mitte der Hauptfront liegt im ersten Obergeschoß ein Bibliothek- und Lesesaal, darüber ein Sammlungssaal für Baukonstruktionsmodelle. Zum Transport schwererer Ausstellungsstücke sind alle Geschosse durch einen elektrischen Aufzug von 1000 kg Tragfähigkeit miteinander verbunden.

Der Dachraum des Hauptgebäudes ist so gestaltet, daß hier im Bedarfsfalle noch eine Reihe gutbeleuchteter Zeichensäle geschaffen werden kann.

An das Hauptgebäude stößt ein längs der östlichen Nachbargrenze sich hinziehender Anbau, in dessen 5,70 m hohem Erdgeschoß fertige Maschinen aufgestellt und im Betriebe vorgeführt werden sollen. Für die verschiedenen Gruppen, als Kleinmotoren, Werkzeugmaschinen, Materialprüfungsmaschinen usw. ist jeweils ein eigener Raum vorgesehen. Der Dachraum dieses Gebäudes enthält eine entsprechende Zahl von Räumen zur Abhaltung von Meisterkursen für Maschinenschlosser und Installateure der verschiedenen Installationsgewerbe.

An den vorbeschriebenen Bau stößt das an der Maternusstraße liegende 195 qm große Maschinenhaus mit nebenliegendem Kesselhaus und Kohlenraum. In dem Maschinenhause ist die für die Beleuchtung der gesamten Anlage dienende 60pferdige Ventilmaschine der Firma Louis Soest in Düsseldorf-Reisholz untergebracht, welche zum Antrieb der von E. H. Geist in Cöln-Zollstock gebauten Dynamos dient. Von derselben Firma ist auch das Schaltbrett geliefert worden. Die Dampfmaschine ist mit unter Flur stehender Einspritzkondensation versehen. Daneben steht eine mit besonderen Einrichtungen ausgestattete Versuchsdampfmaschine der Maschinenbauanstalt Humboldt in Kalk, welche gegebenenfalls als Reservemaschine für die Lichtanlage arbeiten kann. Im gut beleuchteten Kellergeschoß des an das Maschinenhaus anstoßenden Werkstättengebäudes befindet sich die von Gottfried Hagen in Kalk aufgestellte Akkumulatorenbatterie.

Im Kesselhaus stehen zwei Kessel verschiedenen Systems mit den erforderlichen Speisevorrichtungen, der Wasserreinigung usw. Während der Walther-Kessel zur Dampferzeugung für die Lichtmaschine dienen soll, ist der von der Kölnischen Maschinenbau - Aktiengesellschaft Bayenthal gelieferte Flammrohrkessel mit Versuchseinrichtungen versehen und dient hauptsächlich zu Lehrzwecken. Der Froitzheimsche Wasserreiniger wurde von der Firma Ww. Schumacher in Cöln geliefert.

Der 30 m hohe Schornstein wurde von der Firma Eckardt in Düsseldorf gebaut. Der an das Kesselhaus anschließende Kohlenschuppen mit drei Abteilungen für die verschiedenen Kohlensorten gestattet ein bequemes Abstürzen der Kohlen in die Behälter.

Neben dem Maschinenhause liegt ein Dienstwohngebäude mit Wohnungen für den Werkmeister, den Schuldiener und den Maschinisten.

Von dem 7700 qm großen Grundstück sind rund 3570 qm bebaut, 4130 qm entfallen auf die Höfe und das für die Direktorwohnung bestimmte Grundstück. Das Hauptgebäude bedeckt 2163 qm, die Maschinen- usw. Räume 1408 qm bebaute Fläche. Alle Räume sind an eine Niederdruck-Dampfheizanlage angeschlossen, deren Kessel unter der Aula aufgestellt sind. Auch ist die ganze Anstalt mit elektrischer Beleuchtung versehen, für die, wie schon bemerkt, eine eigene Stromerzeugungsanlage im Maschinenhaus vorhanden ist.

Die Beleuchtung der Klassenzimmer ist unter dem Gesichtspunkt entworfen, daß eine gleichmäßig milde, die Augen nicht störend beeinflussende Helligkeit unter Vermeidung von Schattenbildung geschaffen werden sollte. Jedes derselben enthält zu diesem Zweck einige in besonderer Weise abgeblendete Nernstlampen. Für die übrigen Räume sind verschiedenartige Beleuchtungsmittel verwendet, in der Absicht, die ganze Einrichtung als Lehrmittel zu gestalten, und zwar sind gewöhnliche Glühlampen, Osmiumlampen, Bogenlampen gewöhnlicher Art, Flammenbogen- und Reginalampen, letztgenannte in größerer Zahl, installiert. Entsprechend ihrer Eigenart, sind die Lampen in der Hauptsache wie folgt verteilt: in den Sammlungsräumen Reginabogenlampen mit Milchglasschirm für diffuses Licht, im Hof Flammenbogenlampen, im Werkstättengebäude gewöhnliche und Reginabogenlampen. Die Osmiumlampen sind in den Korridoren der oberen Etagen und an anderen geeigneten Stellen angebracht, das Vestibül und die Aula hat gemischte Beleuchtung mit Bogen-, Glüh-, Osmium- und Nernstlampen erhalten. Die Leitungsanlage weist alle wichtigen Installationsarten auf und dient in ihrem Aufbau ebenfalls als Lehrmittel. Nicht weniger gilt dies von der elektrischen Betriebsanlage, einschließlich der Akkumulatoren.

Die Hauptfront des Gebäudes am Ubierring ist ganz in echtem Material hergestellt, der Sockel aus Niedermendiger Basaltlava, das Erdgeschoß aus Heilbronner, die Obergeschosse

Jakobi.   5

Grundriß der Kgl. Vereinigten Maschinenbauschulen in Cöln.

a) Erdgeschoß.

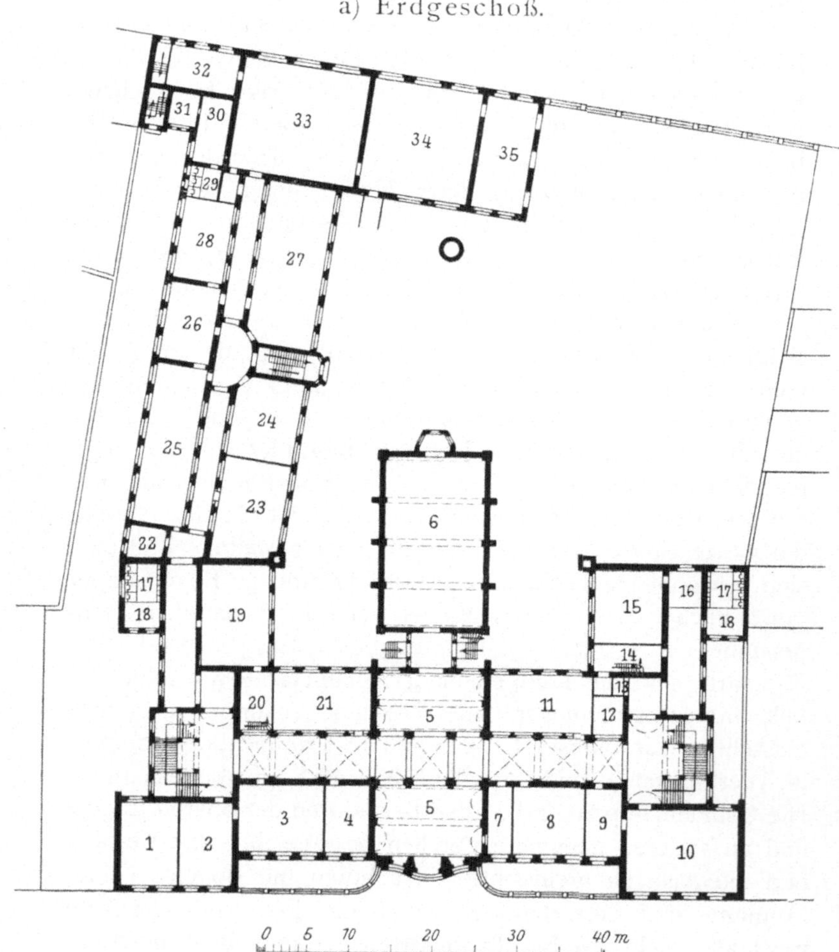

1. Zimmer des Direktors, 2. Zimmer des Sekretärs, 3. Konferenzzimmer,
4. Allgemeines Lehrerzimmer, 5. Eingangshalle, 6. Aula, 7. Hauswart, 8., 9.,
10. physikal. Sammlungsraum, Vorbereitungszimmer, Vortragssaal, 11. elektrotech-
nischer Vortragssaal, 12. Dunkelkammer, 13. Aufzug, 14. Schrankzimmer, 15. elektrotechnisches Laboratorium, 16. Fachvorstand, 17. Abort, 18. Waschraum, 19. chemischer Vortragssaal, 20. Vorbereitungszimmer, 21. Allgemeines Laboratorium,
22. Lehrerzimmer, 23. Materialprüfungsanstalt, 24. Instrumentenzimmer und
Aufenthalt für Lehrer, 25. Werkzeugmaschinenhalle, 26. Versuchspumpe und
Kompressor, 27. Kleinmotoren-Versuchsraum, 28. Sauggeneratorgasanlage,
29. Aborte, 30. Brausebad, 31. Ankleideraum, 32. Werkstätte, 33. Maschinenhaus, 34. Kesselhaus, 35. Kohlenraum.

b) I. Obergeschoß.

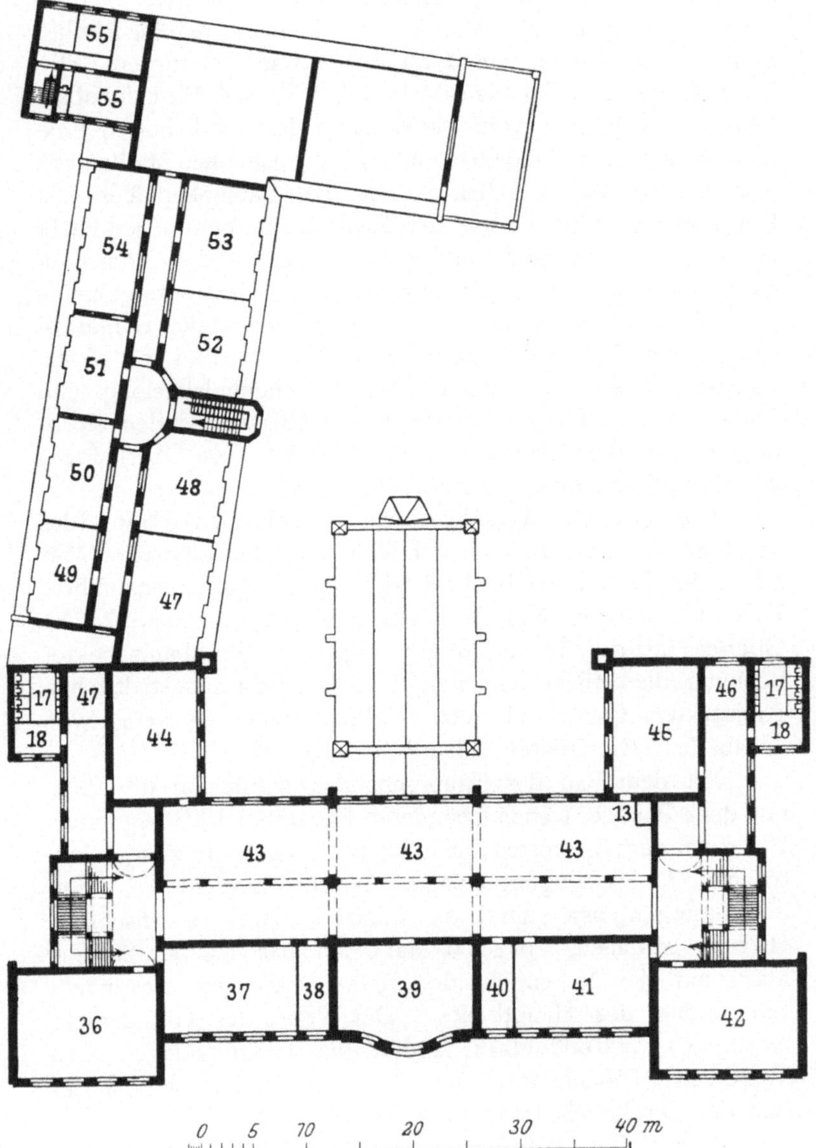

36., 37. Klassenräume, 38. Garderobe, 39. Bibliothek, 40. Garderobe, 41., 42. Klassenräume, 43. Sammlungsraum, 44., 45. Klassenräume, 46. Lehrerzimmer, 47, 48. Werkstätten, 49. Unterrichtsraum, 50. Zeichensaal, 51. Unterrichtsraum, 52., 53. Werkstätten, 54. Zeichensaal, 55. Wohnung des Schuldieners.

aus hellerem Weinsberger Sandstein. Die Hofseiten sind in Putzbau gehalten. Die Hauptfront erhielt einen bildnerischen Schmuck in einem vom Bildhauer Rothe gefertigten Relief im Mittelgiebel, Colonia als Protektorin der Maschinenbaulehre, sowie in den vom Bildhauer Haller modellierten Eckfiguren auf den Flügelbauten, Physik, Chemie, Mathematik und Elektrizität darstellend. An den Säulenkapitälen der Eingangshalle sind die aus der Tierwelt übernommenen Fachausdrücke — wie Bär, Widder, Schnecke, Hund — vom Bildhauer Faustner symbolisch verwertet. Eine weitergehende architektonische Durchbildung erfuhren, außer der Eingangshalle, noch die beiden Haupttreppenhäuser und die Aula. Letztere erhielt eine dunkelgebeizte Eichenholztäfelung und flache Stückbelebung der den Raum überspannenden Korbbogentonne, die durch zwei seitliche Reihen von Oberlichtern mit Grisailleeinfassung durchbrochen wird.

Die gesamte Bauanlage wurde nach den Plänen des Stadtbauinspektors Balduin Schilling unter künstlerischer Mitarbeit der Herren Architekt Carl Sittel, Regierungsbauführer Eduard Spoelgen und Architekt Felix Sittel errichtet. Die Oberleitung der Bauausführung lag dem Stadtbauinspektor Schilling, die örtliche Bauleitung bis April 1904 dem städtischen Architekten Carl Sittel, jetzt Stadtbaumeister in Neuß, von da ab dem Architekten Eduard Bodewig ob.

Mit dem Bau des Hauptgebäudes wurde im Juli 1902, mit dem Bau der Nebengebäude im Dezember 1903 begonnen. Die gesamten Baukosten, einschließlich Zentralheizung, elektrischer Lichterzeugungsanlage, innerer Einrichtung, Hofbefestigungen usw. sind auf 1 356 000 Mark veranschlagt. Hiervon entfallen 1 072 000 Mark auf das Haupt-, 284 000 Mark auf die Nebengebäude, 75 000 Mark auf die innere Einrichtung des Hauptbaues. Der Preis des Grundstücks betrug ca. 500 000 Mark, sodaß die Gesamtanlage einen Wert von 1 856 000 Mark darstellt, wozu demnächst noch der Bau der Direktordienstwohnung hinzukommt.

Die Kgl. Vereinigten Maschinenbauschulen in Dortmund.[1])

Der Neubau wurde unter Herrn Direktor Göbel ausgeführt (jetzt Kgl. Reg.- und Gewerbe-Schulrat in Schleswig).

Die Einweihung des Neubaues erfolgte am 18. Oktober 1897.

Das Grundstück, auf welchem der Schulbau errichtet ist, liegt im Südwesten der Stadt, etwa 1100 m vom Marktplatz und 1900 m vom Hauptbahnhof entfernt, in freier, gesunder und ruhiger Lage an der Südseite der 13 m breiten Sonnenstraße. Nördlich von letzterer, jenseits der vorbeiführenden Rheinischen Eisenbahn, erstrecken sich die umfangreichen Gartenanlagen des städtischen Luisenhospitals, sowie der botanische Schulgarten der Stadt, so daß auf diese Weise die Erhaltung eines durch keinerlei Reflexwirkungen beeinträchtigten, reinen Nordlichtes für die an der Hauptfront liegenden Zeichenklassen dauernd sicher gestellt ist.

Der Bauplatz, annähernd ein Rechteck von 110 m Länge und durchschnittlich 98 m Tiefe, hat einen Flächeninhalt von 110a und wird im Osten und Süden von neu anzulegenden 15 m breiten Straßen begrenzt; westlich davon ist der Neubau der landwirtschaftlichen Schule mit großem Versuchsgarten errichtet. Die Gesamtanlage ist auf dem Bauplatze so angeordnet, daß an der Nordseite das Schulgebäude, an der Südseite das Maschinenhaus nebst Schornstein und Akkumulatorenhaus und in der Südostecke das Abortgebäude gelegen ist.

Das Schulgebäude, durch einen 20 m tiefen Vorgarten dem Getriebe des Straßenverkehrs entzogen, hat eine bebaute Grundfläche von 1439 qm und besteht aus einem 74 m langen, in den Risaliten 12,9 m breiten Vordergebäude und einem 27,5 m langen, teils 20,5 m, teils 24,4 m breiten Mittelflügel. Richtung und Größe des Vordergebäudes sind so gewählt,

---

[1]) Alles nähere ergibt sich aus der Festschrift zur Einweihungsfeier am 18. Oktober 1897.

daß sich bei eintretendem Bedürfnis, sowohl nach Osten, wie nach Westen je ein Seitenflügel mit 6 Klassen und 3 Sammlungssälen anbauen läßt.

Die Höhe des Schulgebäudes beträgt im Mittelrisalit 21,4 m, in den Eckrisaliten 19,2 m, in den Zwischenteilen 17,7 m, im Mittelflügel 17,15 m, im Südrisalit 17,95 m über dem Gelände. Das Kellergeschoß ist 3,90 m, das Erdgeschoß und die beiden Obergeschosse 4,85 m, das Dachgeschoß im Mittelrisalit 3,65 m hoch. Zwei breite Treppen, im Mittelpunkte des Gebäudes gelegen, führen vom Kellergeschoß bis zum zweiten Obergeschoß; dort schließt sich eine Nebentreppe zum Dachgeschoß an.

Das Kellergeschoß, nur 90 cm mit seinem Fußboden in das Erdreich versenkt, nimmt in der westlichen Hälfte der Nordfront die Dienstwohnungen für den Schuldiener und den Heizer auf. Die östliche Hälfte enthält einen Reproduktionsraum (86 qm), einen Raum für Lichtpausarbeiten (60 qm) nebst Dunkelkammer (22 qm), einen zur Ausgabe von Schülermaterialien dienenden Raum (54 qm), sowie 2 Vorratsräume (29 bezw. 18 qm). Im Mittelflügel liegen westlich vom Flur der Heizraum (92 qm) nebst Kohlenkeller (35 qm) und ein Raum von 35 qm Größe, in welchem die Akkumulatoren zur Abgabe der elektrischen Energie für die physikalischen und elektrotechnischen Experimente aufgestellt sind. Östlich vom Flur befinden sich 2 Arbeitsräume für Elektrotechnik (63 und 28 qm) sowie ein Dynamoraum (73 qm), welcher durch eine Wendeltreppe mit dem darüber befindlichen elektrotechnischen Meßraum verbunden ist.

Das Erdgeschoß zeigt in der Vorderfront den 4 m breiten Haupteingang und zu beiden Seiten desselben je 2 Klassenräume mit dazwischen liegendem gleich großem Sammlungsraum. Die Klassen haben bei 7,80 m Tiefe und 11,06 m Länge einen Flächeninhalt von rund 86 qm und erhalten durch 3 fast bis unter die Decke reichende Fenster von 3,15 m Höhe und 2,22 m Breite reines Nordlicht; die Gesamtfensterfläche beträgt hiernach 21 qm oder fast $\frac{1}{4}$ der Klassengrundfläche. Um einen Wechsel in der Frontausbildung hervorzubringen, haben die Sammlungsräume 4 Fenster von gleicher Höhe, jedoch nur von 1,83 m Breite erhalten.

Hinter den Klassen läuft an der Südfront, hellbeleuchtet, ein 2,35 m breiter Flur entlang, dessen Enden in den Eckrisaliten zu 3,13 m breiten Arbeitszimmern für die Lehrer abgetrennt sind. Dieser Flur erweitert sich im Mittelrisalit zu einer von 4 Säulen getragenen, 7,7 m breiten und 20 m langen zweischiffigen Halle, in welcher gleichzeitig die Läufe der beiden Haupttreppen ansteigen. Nach Süden schließt sich in der Mitte, gegenüber dem Eingangsflur, der 2,63 m breite Flur des Mittelflügels an; um diesen lagern sich nach Westen ein Raum für die physikalische Sammlung (58 qm), ein Vorbereitungszimmer (35 qm) und der Vortragssaal für Physik (74,5 qm), mit Fenstern nach Süden; nach Osten folgt ein Lehrerzimmer (31 qm), ein zweiter Raum für die physikalische Sammlung (65 qm) und der elektrotechnische Meßraum (74,5 qm) mit Fenstern nach Süden und nach Osten. Die Tiefe dieser Räume beträgt wiederum 7,80 m; nur die nach Süden gelegenen Räume haben eine um 20 cm geringere Tiefe erhalten.

Die Grundrißeinteilung der beiden Obergeschosse ist im Vordergebäude die gleiche, wie die des Erdgeschosses: rechts und links von dem über dem Haupteingange entstehenden Mittelraum, der im ersten Obergeschoß als Lehrerzimmer und Sammlungsraum für Hochbau und im zweiten Obergeschoß als Zimmer des Direktorstellvertreters benutzt wird, liegen je 2 Klassen und ein Sammlungsraum von gleicher Größe und Ausstattung wie die unteren, so daß insgesamt 12 Klassen und 6 Sammlungsräume im Gebäude vorhanden sind. In gleicher Weise kehrt die Mittelhalle mit den Fluren und den abgetrennten Arbeitszimmern an den Enden derselben wieder. Nur im Mittelflügel sind Abweichungen gegen das Erdgeschoß gemacht. Im ersten Obergeschoß liegen dort westlich vom Mittelflur ein Laboratorium (59 qm), ein Vorbereitungszimmer (35 qm) und ein Vortragssaal für Chemie (74,5 qm), östlich die Bibliothek (97 qm) und ein Arbeitsraum für auswärtige Schüler (74,5 qm). Der Vortragssaal für Chemie hat die gleiche Form und Ausstattung, wie der

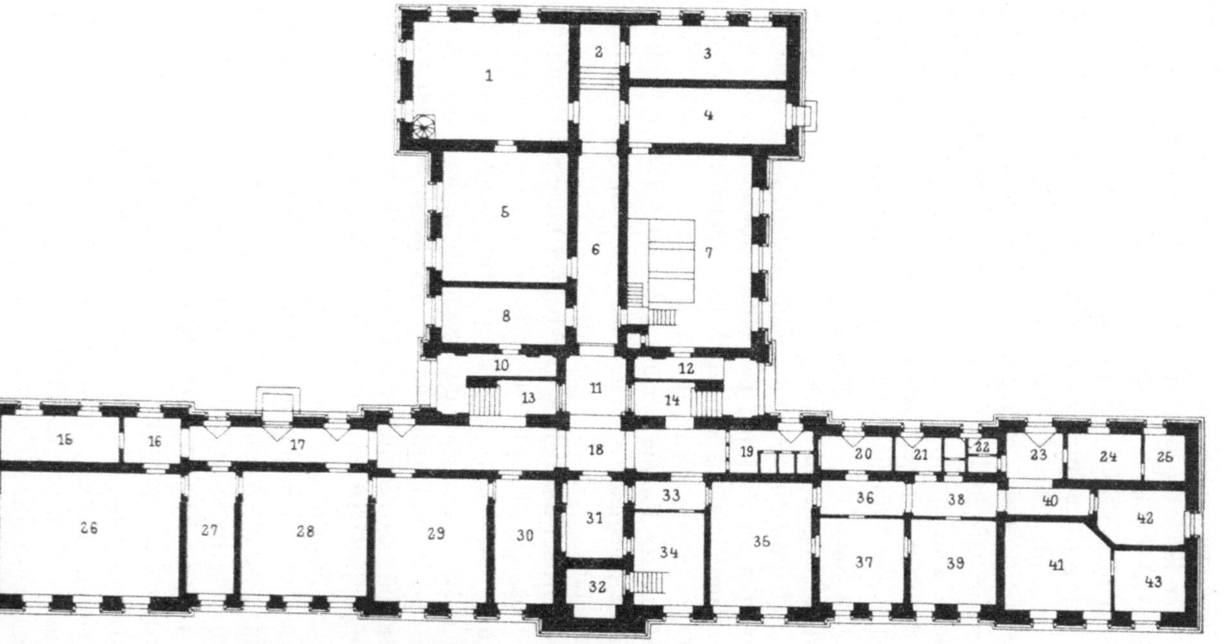

Grundriß der Kgl. Vereinigten Maschinenbauschulen in Dortmund.
a) Kellergeschoß.

1. Dynamoraum, 2., 6., 11., 16., 17., 18. Korridor, 3. Akkumulatorenraum, 4. Kohlenraum, 5. Elektrotechn. Arbeitsraum, 7. Heizraum, 8. Arbeitsraum, 16. Vorratsraum, 20. Kammer, 21., 25. Keller, 24. Küche, 26. Reproduktionsraum, 27. Dunkelkammer, 28. Lichtpauseraum, 29. Schülermaterialien-Ausgabe, 30., 31., 32. Vorratsräume, 33.—44. Räume für Schuldiener und Heizer usw.

b) Erdgeschoß.

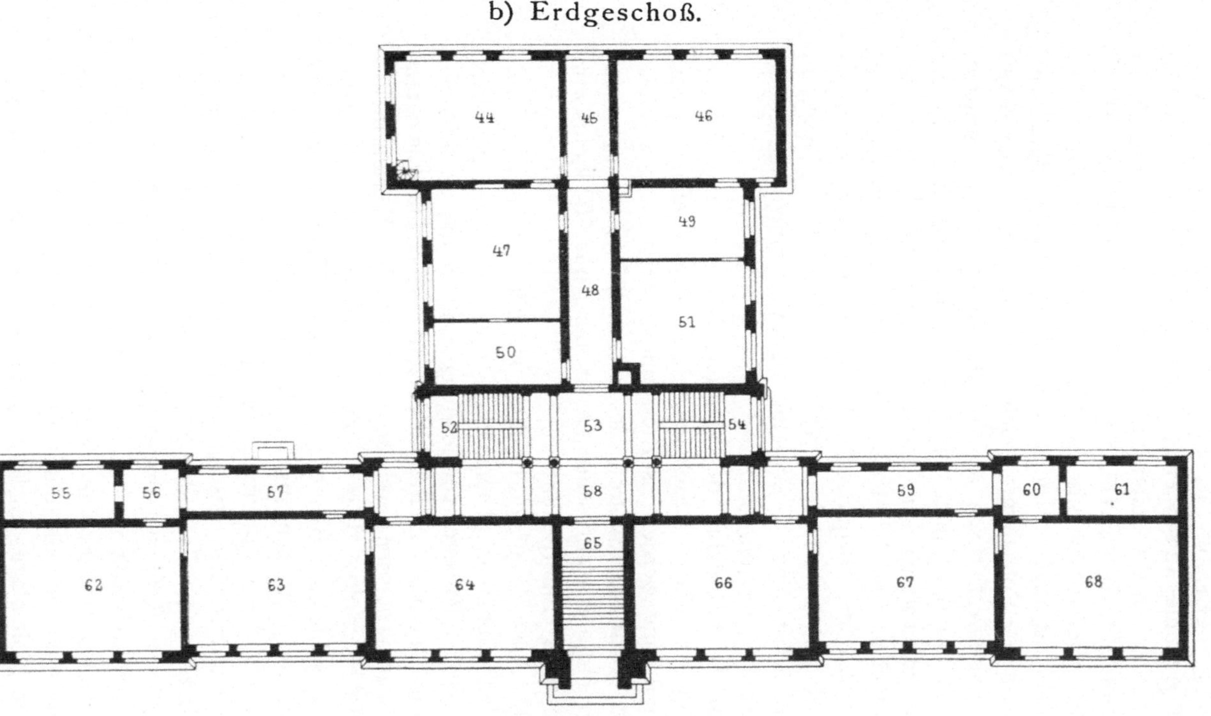

44. Elektrotechn. Meßraum, 45., 48., 53., 56.—59. Korridore, 52., 54., 65. Treppen, 46. Physikal. Unterrichtszimmer, 49. Vorbereitungszimmer, 47., 51. Physikal. Sammlung, 50. Lehrerzimmer, 55., 61. Arbeitszimmer, 62, 64., 66., 68. Klassenzimmer. 63. Sammlung für mechanische Technologie, 67. Sammlung für Dampfkessel und Dampfmaschinen.

darunter gelegene für Physik erhalten; ferner sind die Vorbereitungszimmer durch einen elektrischen Aufzug von 60 kg Tragfähigkeit direkt miteinander verbunden. Hierdurch ist es ermöglicht, beide Hörsäle erforderlichenfalls für physikalischen oder für chemischen Unterricht zu benutzen. Die Verdunkelung dieser beiden Lehrräume erfolgt durch undurchsichtige Vorhänge, welche mittels elektrischer. Kraft vom Experimentiertisch aus in Bewegung gesetzt werden. In der Südwand befindet sich in beiden Räumen eine Öffnung für den Heliostaten. Im zweiten Obergeschoß enthält der Mittelflügel an der Westseite des Flures das Prüfungs- und Konferenzzimmer (97 qm), an der Südseite einen Ausstellungssaal (174 qm) und an der Ostseite das Zimmer des Direktors (59 qm) nebst einer gleichzeitig als Vorzimmer dienenden Schreibstube (35 qm).

Im Dachgeschoß des Mittelrisalits hat die Dienstwohnung für einen Maschinenmeister Platz gefunden; die übrigen Räume werden als Packkammer benutzt, zu welchem Zwecke ein an der Südfront des östlichen Zwischenteiles angelegter indirekt elektrischer Lastenaufzug für 700 kg bis zum Dachgeschoß emporgeführt ist.

Die Ausbildung der Fronten ist bei dem allseitig freistehenden Gebäude gleichmäßig, und zwar in sparsamer Weise durch Backsteinverblendung und glatte Putzflächen unter Verwendung von Basaltlava zum Sockel und von rotem Eifelsandstein zu den Gesimsen und zu den Zierteilen des Mittelrisalits erfolgt. Die Formengebung bewegt sich demgemäß in schlichten Bahnen; die großen Klassenfenster mit ihren geraden Stützen aus sichtbar gebliebenem Walzeisen beherrschen die Vorderfront, deren Mittelachse durch eine mit Dreiviertelsäulen geschmückte, giebelüberragte Portalanlage betont ist. Auch das Relief dieser Front ist, zur Vermeidung von Reflexwirkungen, für die Beleuchtung flach gehalten; Mittelrisalit und die Eckrisalite springen nur 39 cm vor die Gebäudeflucht vor. Dagegen ist angestrebt worden, die Umrißlinie des Gebäudes gegen das Dach durch verschiedene Höhenlage des Hauptgesimses der einzelnen Bauteile, insbesondere durch Einfügung eines Dachgeschosses über dem Mittelrisalit und einem Giebelaufbau in der Mittelachse daselbst bewegter zu gestalten.

Der bildnerische Schmuck beschränkt sich auf das Mittelrisalit; dort kennzeichnet im Giebeldreieck des Portals ein mächtiger preußischer Adler den staatlichen Charakter der Anstalt, während im Giebelaufbau über dem Hauptgesims ein Schild mit dem Dortmunder Adler, überragt von der Mauerkrone, an die Stadt als Bauherrin erinnert. Ferner ist das Dachgeschoß des Mittelrisalits mit 6 Wappenschildern geschmückt, auf denen die Embleme der Technik dargestellt sind; in der Mitte derselben liest man auf einer cartouchenumrahmten Schrifttafel in vergoldeten Buchstaben den Namen der Schule. Das unter 35 Grad ansteigende Dach, welches sich nach allen Seiten zur Traufkante abwalmt, ist mit braunglasierten Doppelfalzziegeln gedeckt, nur ein Teil des Mittelflügels, und zwar der an das Vordergebäude anstoßende, ist mit einem Holzzementdach versehen, auf welches man vom Dachgeschoß des Mittelrisalits gelangt, und welches derart angeordnet ist, daß die Lichtpauswagen von dem Flur des Dachgeschosses aus herausgefahren und hier aufgestellt werden können.

Die Verblendsteine haben eine ledergelbe Farbe, zu welcher die Putzflächen hell olivgrün getönt sind.

Der Ausbau des Innern ist, soweit als durchführbar, feuersicher erfolgt; sämtliche Decken der Unterrichtsräume sind zwischen eisernen Trägern in „Triumpfsteinen" nach dem Patent des Maurermeisters Lautenbach aus Düsseldorf massiv hergestellt; die Flure sind mit preußischen Kappen, die Mittelhallen mit Kreuzgewölben, welche auf 14 Säulen aus poliertem sächsischen Granit ruhen, überdeckt. Der Dachstuhl ist in Holz hergestellt.

Der Fußboden des Kellergeschosses besteht teils aus Zementestrich, teils aus Pitchpineholz mit hölzernen Lagern auf gemauerten Pfeilern. In den übrigen Geschossen sind die massiven Decken mit Kohlenschlacken hinterfüllt und mit einem Pitchpinefußboden versehen. Bei den Fluren ist Terrazzo zur Verwendung gekommen. Im Dachgeschoß ist in den Packkammern und Bodenräumen ein Gipsestrich auf-

c) I. Obergeschoß.

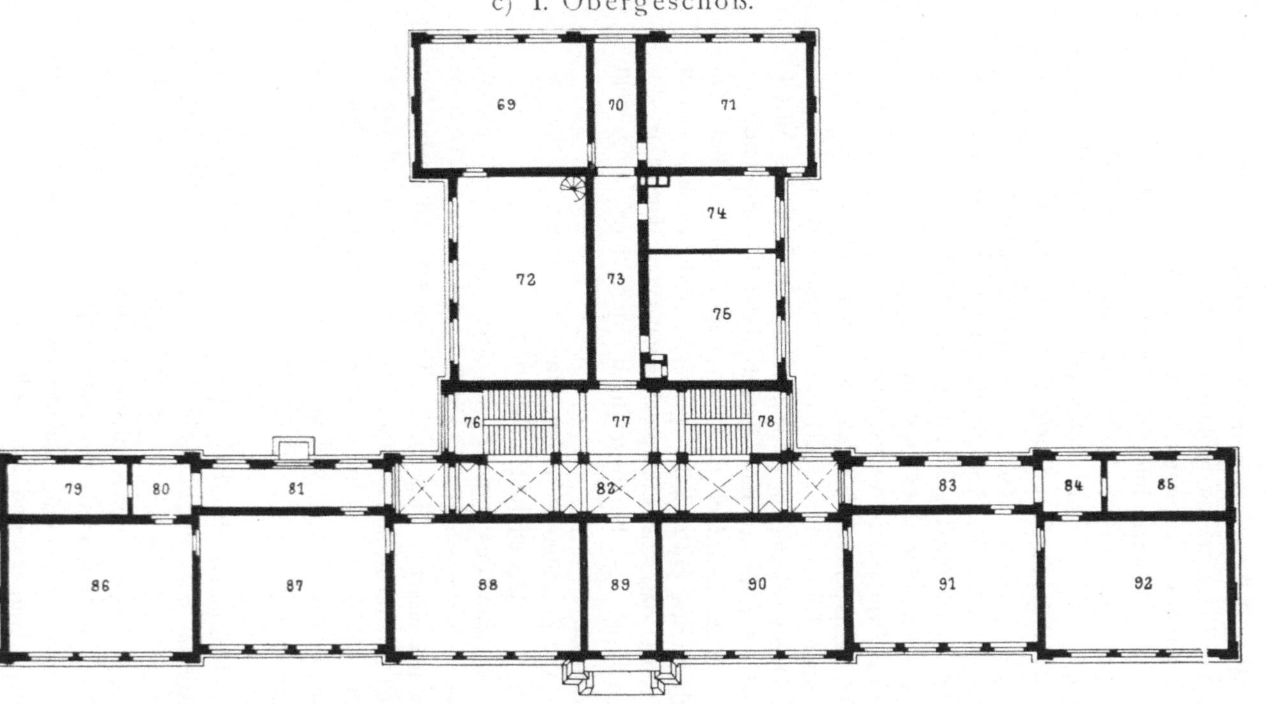

69. Arbeitssaal für auswärtige Schüler, 70, 73., 77, 80.—84. Korridore, 76., 77. Treppen, 71. Chemisches Unterrichtszimmer, 72. Bibliothek, 74. Vorbereitungszimmer, 75. Laboratorium, 79, 85. Arbeitszimmer, 86, 88., 90., 92. Klassenzimmer, 87. Werkzeugmaschinen-Sammlung, 89. Sammlung für Hochbau, 91. Hebemaschinen-Sammlung.

d) II. Obergeschoß.

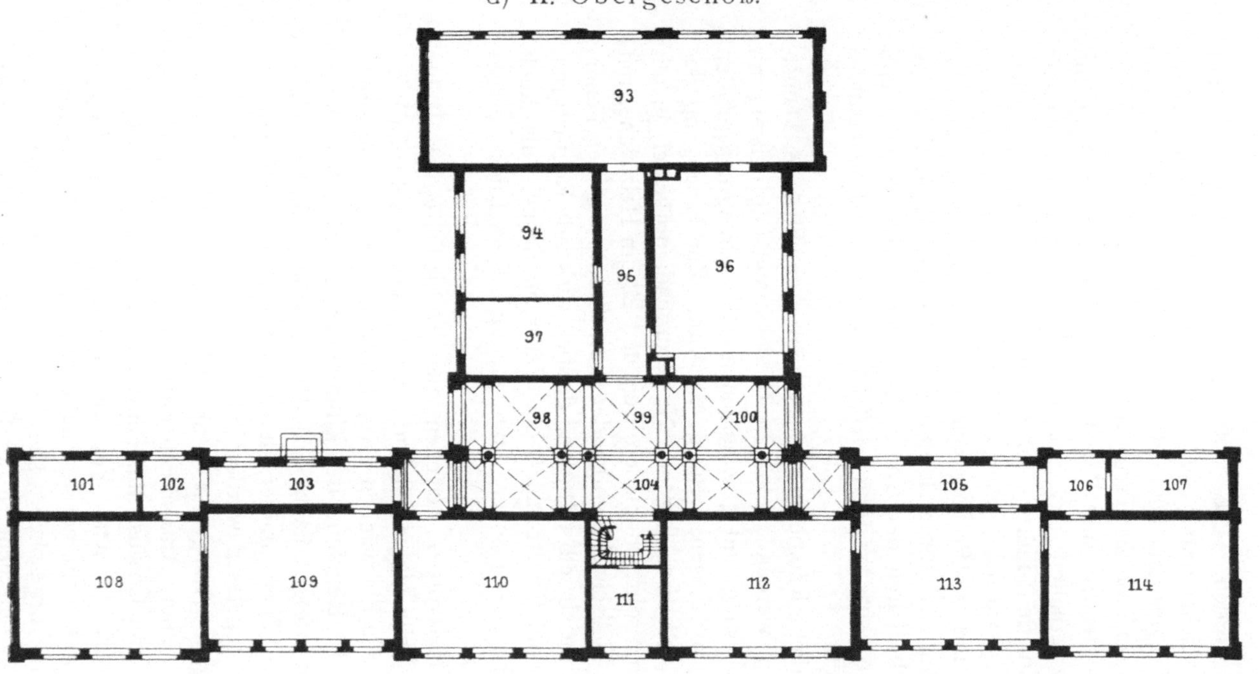

93. Ausstellung:saal, 94. Direktorzimmer, 96. Konferenzzimmer, 97. Sekretariat, 95., 93—100., 102.—106. Korridore, 101., 107 Arbeitszimmer, 108., 110, 112., 114. Klassenräume, 109., 113. Sammlung für Maschinenelemente, 11. Zimmer des Direktor-Stellvertreters.

getragen worden. Die Stufen der Haupttreppen bestehen aus sächsischem Granit und lagern auf sichtbar gebliebenen eisernen Trägern; ein schmiedeeisernes Geländer mit hölzernem Handgriff schließt die Treppen ab.

Alle Decken und Wände haben geglätteten Putz mit Gipszusatz erhalten und sind in den Unterrichtsräumen mit Ölfarbe, in den Fluren mit Leimfarbe gestrichen; in dem Ausstellungssaal des zweiten Obergeschosses, welcher auch als Aula und als Prüfungssaal benutzbar ist, sind Teile der Decke und das untere Drittel der Wand in Kiefernholz getäfelt. Alle Türen der Unterrichtsräume sind einflügelig und haben eine lichte Weite von 1,20 m; die Fenster des Gebäudes sind einfache.

Sämtliche Räume des Hauses, mit Ausschluß der Dienstwohnungen, werden durch eine Niederdruckdampfheizung mit Ventilregulierung und geschlossenen Luftverdrängungsgefäßen (System F. W. Raven, Leipzig) erwärmt. Zur Erzeugung des Dampfes sind drei liegende Niederdruckdampfkessel, je mit einem Flammrohr, 38 Siederohren und 22 qm Heizfläche, mit vertikalem Füllschacht vorhanden; die Zuführung der Feuerluft erfolgt durch selbsttätig und doppelt wirkende Regulatoren, welche sowohl für Abschluß der Verbrennungsluft, als auch für Einlaß von frischer Luft in die Kesselzüge eingerichtet sind.

Die Heizkörper bestehen aus schmiedeeisernen Rohrspiralen, welche hinter hölzernen mit Gittern versehenen Vorsetzern an den Flurwänden der Unterrichtsräume so aufgestellt sind, daß die Regelung der Zimmerwärme von außen durch den Heizer erfolgen kann. Zu diesem Behuf befinden sich in den Räumen Thermometer, deren Skala durch ein Schauloch von außen abgelesen werden kann.

Die ganze Anlage ist so ausgeführt, daß die Unterrichtsräume bei einer Außentemperatur von — 20 Grad Celsius auf + 18 Grad Celsius, die Flure auf + 5 Grad Celsius erwärmt werden können. Für die Arbeitszimmer der Lehrer und das Direktorzimmer ist außerdem eine lokale Heizung durch Öfen vorgesehen. Die Lüftung erfolgt durch Kippflügel in den Oberlichtern der Fenster, und der Türen sowie durch Abzugsschlote, welche in den Dachraum münden. Für die physikalischen und chemischen Vortragssäle, sowie die zugehörigen Vorbereitungszimmer, ist eine kräftigere Entlüftung durch Lockfeuer in den großen über Dach geführten Abzugsschloten eingerichtet.

e) Lageplan.

Die Räume des Hauptgebäudes vergl. Grundriß b) (Erdgeschoß).
Räume im Maschinenhaus:

115. Kesselhaus, 116. Maschinenraum, 117. Werkstatt, 118. Versuchsraum.

Die Beleuchtung des Gebäudes erfolgt durch elektrisches Licht. Die Stromerzeugung findet im Maschinenhause statt, außerdem wurde Anschluß an das städtische Elektrizitätswerk vorgesehen.

Im Hauptgebäude sind vorhanden: 45 Bogenlampen von 11 Ampère mit Laternen für indirekte Beleuchtung, 2 Bogenlampen von 6 Ampère für direkte Beleuchtung und 162 Glühlampen von teils 16, teils 25 Normalkerzen; im Maschinenhause 10 Glühlampen von 25 Normalkerzen. Die Anlage ist nach dem Dreileitersystem entworfen, um die Möglichkeit zu haben, Bogenlampen auch einzeln zu brennen, und um ein völlig ruhiges Brennen der ganz voneinander unabhängigen Bogenlampen zu erzielen. Jeder Klassen- und Sammlungsraum hat 2 mit Aufzugsvorrichtung versehene Bogenlampen erhalten, deren Laternen ohne obere Verglasung ausgeführt sind; das erzeugte Licht wird durch Spiegel gegen die in hellen Tönen gehaltenen Wand- und Deckenflächen geworfen und von diesen in den Raum zurückgestrahlt, sodaß es auf die Arbeits- oder Zeichenplätze vollständig zerstreut und ohne Schlagschattenbildung wirkt.

Die Leitungsdrähte sind überall frei auf die Wand gelegt.

Der elektrische Strom wird außerdem zum Antrieb von Motoren sowie von Aufzügen benutzt.

Die Gasleitung erstreckt sich nur auf diejenigen Räume, in welchen Gas zu Heiz- oder Kraftzwecken verwendet wird.

Die Wasserleitung ist in alle Unterrichtsräume hineingelegt, deren Waschbecken sind an die städtische Kanalisation angeschlossen.

An wesentlichen Ausstattungsgegenständen enthält jede der 12 Klassen:

    5 Zeichentische, 6 m lang, 0,90 m breit, mit 10 verschließbaren Schubladen und 5 verschließbaren Reißbrettschränken,

  30 Schülerstühle mit Lehne,

    1 Podium, 6 m lang, 2 m breit, mit 4 m langem, 0,80 m breitem Vortragstisch,

    1 Lehrerstuhl,

    1 verschiebbare Doppelwandtafel von 3 m Breite,

    1 Kommode für Zeichnungen,

sowie die erforderlichen Kleiderhaken, Schirmständer und dergl.

Die 6 großen Sammlungsräume enthalten Schränke und Aufstellungstische nach Bedarf, sowie Skizziertische für Gruppen von je 20 Schülern.

Die Vortragssäle für Physik und Chemie sind mit aufsteigenden Plätzen für 42 Schüler, in 6 Bankreihen geordnet, versehen; die Einrichtungen der Experimentiertische und der Wandtafeln daselbst, sowie der Vorbereitungsräume und Laboratorien berücksichtigen alle Erfordernisse eines praktischen Unterrichts.

Im Ausstellungssaal können für Prüfungszwecke 30 Einzelzeichentische aufgestellt werden. Die übrigen Räume sind den Bedürfnissen entsprechend ausgestattet.

Das Maschinenhaus, 20 m vom Hauptgebäude, jedoch parallel zu diesem, an der Südseite des Bauplatzes errichtet, hat eine bebaute Grundfläche von 506 qm und besteht aus einem 39,14 m langen, 10,89 m tiefen Baukörper mit einem 16,01 m langen und 4,88 m tiefen Anbau an der östlichen Ecke der Südseite.

Der Eingang desselben liegt in der Mittelachse des Schulgebäudes, einem Ausgange des Mittelflurs vom Kellergeschoß des letzteren gegenüber. Westlich vom Eingang befindet sich ein Werkstattsraum (141 qm) und ein Versuchsraum (80 qm), östlich ein Maschinenraum (119 qm) und in dem vorerwähnten Anbau der Kesselraum (53 qm) nebst Kohlenraum (21 qm). Hinter dem Eingange liegt noch ein Raum für den Maschinenmeister (14 qm). Das Gebäude ist eingeschossig, massiv mit Monierdach, der Kesselraumanbau mit Holzzementdach ausgeführt; nur der Maschinenraum ist unterkellert.

Die Ausbildung der Fronten ist in Putz unter sparsamer Verwendung von gelben Verblendziegeln zu dem Hauptgesims, den gewölbten Fensterstürzen und einigen horizontalen Bändern erfolgt. Die lichte Höhe der Räume bis zu den eisernen Zugstangen des Monierdaches beträgt 5 m. Große in Gußeisen hergestellte Fenster sorgen von allen Seiten für Licht und Luft. Der Fußboden besteht aus Asphaltestrich in der Werkstatt, dem Maschinenmeisterraum und dem Versuchsraum, aus Tonplatten in dem Maschinen- und Vorraum, aus

Rollschichtpflaster in Zement im Kessel- und Kohlenraum und im Keller.

In der Werkstatt läuft auf 3 schmiedeeisernen Stützen, welche in einer Entfernung von 4 m zur Südfront stehen, sowie auf Pfeilervorlagen an der Nordfront, ein Laufkran von 1000 kg Tragfähigkeit.

Die Erwärmung erfolgt durch Öfen, welche in den einzelnen Räumen aufgestellt sind. Für die Beleuchtung sind 10 Glühlampen von 25 Normalkerzen vorhanden.

Die seitens der Stadt gelieferten und für den elektrischen, sowie motorischen Teil der Beleuchtungsanlage erforderlichen Maschinen sind in dem Maschinenraum aufgestellt, und zwar eine liegende Compounddampfmaschine für eine Normalleistung von 40 PS bei $7^1/_2$ Atmosphären Anfangsspannung, sowie eine dynamo-elektrische Nebenschlußmaschine von 21 000 Watt Leistung bei 33 PS und 800 Touren in der Minute und ein zum Laden der Akkumulatoren erforderlicher Zusatzdynamo von 3600 Watt Leistung bei 6 PS und 1250 Touren in der Minute. Die gleichfalls von der Stadt beschaffte Kesselanlage besteht aus einem Einflammrohrkessel von 40 qm Heizfläche für 8 Atmosphären. Für die Kesselanlage ist ein 30 m hoher Schornstein erbaut, welcher 7 m östlich vom Kesselhause steht. Noch einige Meter weiter östlich, jedoch so, daß eine spätere Verlängerung des Maschinenhauses daran vorbei führt, steht das aus Fachwerk hergestellte Akkumulatorengebäude, 6,26 m lang, 3,26 m breit und 3,80 m hoch. Dasselbe enthält 72 Zellen Tudorakkumulatoren.

In der Südostecke des Schulplatzes befindet sich schließlich das Abortgebäude.

Die Umwährung des Schulplatzes erfolgt durch ein schmiedeeisernes Gitter mit Einfahrtstoren.

Der Platz ist zwischen den einzelnen Gebäuden mit Wegen und Gartenanlagen versehen und wird des Abends durch vier Bogenlampen erleuchtet.

Die gesamte Bauanlage ist nach einem von dem damaligen Kgl. Maschinenbauschul-Direktor Herrn Göbel aufgestellten Programm, durch den Stadtbauinspektor Kullrich entworfen. Dieser Entwurf fand im Sommer 1893 die Billigung der städtischen Behörden, welche für die Ausführung desselben 570 000 Mark bewilligten. Die Zustimmung der Staatsregierung erfolgte jedoch erst im Herbst 1895, sodaß mit der Bauausführung erst am 7. April 1896 begonnen werden konnte. Im Baujahre 1896 erfolgte die Fertigstellung des Hauptgebäudes und des Maschinenhauses im Rohbau; der Rest der Arbeiten an diesen Bauten, ferner der Schornstein, das Akkumulatorenhaus und das Abortgebäude, sowie die innere Ausstattung wurden bis zum 1. Oktober 1897 fertiggestellt.

Im Sommer 1897 haben die städtischen Behörden für Mehrkosten einiger Arbeiten, besonders der inneren Einrichtung, einen zweiten Kredit in Höhe von 45 000 Mark und für die schmiedeeiserne Umwährung einen dritten Kredit von 6500 Mark bewilligt, sodaß insgesamt 570 000 + 45 000 + 6500 = 621 500 Mark städtischerseits zur Verfügung gestellt sind.

Dieser Betrag verteilt sich auf folgende Ausgaben:

a) Hauptgebäude, einschließlich Heizung und Bauführungskosten . . . . . . 404 350 M.
b) Maschinenhaus . . . . 28 000 „
c) Schornstein . . . . 3 000 „
d) Akkumulatorenhaus . . . . 5 250 „
e) Abortgebäude . . . . 8 000 „
f) Beleuchtungsanlage . . . . 42 800 „
g) Innere Ausstattung . . . . 50 000 „
h) Umwährungen und Hofregulierung . 15 500 „
i) Grunderwerb . . . . 64 600 „

Zusammen 621 500 M.

Bei 28 200 cbm umbauten Raumes ergibt sich hiernach für das Hauptgebäude ein Einheitspreis von 14,34 Mark für 1 cbm, für das Maschinenhaus bei 2530 cbm ein Einheitspreis von 11,07 Mark.

Bei der Entwurfsbearbeitung ist vom 1. Februar 1894 bis 1. November 1895 der Kgl. Regierungsbaumeister Otte beschäftigt gewesen. Mit der verantwortlichen Bauleitung war vom 1. November 1895 bis zum 1. Mai 1896 der Regierungsbaumeister Szarbinowski, vom 1. Mai 1896 bis zum Schlusse der Kgl. Regierungsbaumeister Hamm, welcher auch sämtliche architektonische Details, sowie die Entwürfe für die Bildhauerarbeiten ausgearbeitet hat, betraut; die Oberleitung lag in den Händen des Stadtbauinspektors Kullrich.

Die Einrichtungen für die praktischen Übungen der Schüler.

Hinsichtlich der praktischen Übungen ist in den Lehrplänen bekanntlich vorgeschrieben, daß die Schüler Indikatorversuche an Motoren und Pumpen, Brems- und Reibungsversuche, Heizversuche an Dampfkesseln, Versuche über das Verhalten der Flüssigkeiten, elektrische Messungen usw. unter Anleitung der Fachlehrer selbst ausführen sollen und mit der Handhabung der gebräuchlichsten Festigkeits-Probiermaschinen für Metalle, mit der Wartung der Motoren und Dampfkessel, sowie mit den neueren Arbeitsmethoden im Maschinenbau, bekannt zu machen sind. Diese praktischen Übungen werden teils in den Versuchsräumen des Haupt-schulgebäudes, teils in dem Maschinenbaulaboratorium aus-geführt; letzteres ist in dem Maschinenhause untergebracht und enthält je einen Raum für Motoren, für Dampfkessel, für Arbeitsmaschinen und für Materialprüfung.

Der Motorenraum enthält die Betriebsmaschine für die elektrische Beleuchtungsanlage, eine Versuchsdampf-maschine, eine Versuchsgasmaschine, ferner eine Versuchs-pumpe und andere Apparate zum Heben von Flüssig-keiten. Die von der Maschinenfabrik K. & Th. Möller in Brackwede gelieferte Betriebsmaschine ist eine liegende Compounddampfmaschine von 240/360 mm Zylinderdurch-messer und 520 mm Hub für eine Normalleistung von 40 effek-tiven Pferdestärken bei $7^1/_2$ Atm. Anfangsspannung. Der Hochdruckzylinder hat entlastete Ridersteuerung; der Nieder-druckzylinder Trickschen Kanalschieber. An der Maschine kann der Einfluß der Dampfmäntel sowohl einzeln, als auch paarweise, ferner der Einfluß verschiedener Tourenzahlen resp. verschiedener Kolbengeschwindigkeiten bei derselben Füllung auf den Dampfverbrauch gezeigt werden. Um die Einwirkung des schädlichen Raumes auf den Dampfverbrauch, den ruhigen Gang und den Verlauf der Kompressionslinie im Indikator-diagramm zu erläutern, kann seine Größe verändert werden.

Schließlich kann die Hochdruckseite als Einzylindermaschine ohne und mit Kondensation untersucht werden.

Zur Unterstützung des Unterrichts in der Dampfmaschinenlehre durch unmittelbare Anschauung dient in erster Linie die Versuchsdampfmaschine, eine liegende Einzylindermaschine mit Ridersteuerung von 240 mm Zylinderdurchmesser und 520 mm Hub. Die Maschinenfabrik K. & Th. Möller in Brackwede hat sich mit Erfolg bemüht, die Vorschriften der Schule bezüglich der besonderen Einrichtungen dieser Versuchsmaschine in zweckentsprechender Weise auszuführen. Es kann der Einfluß des schädlichen Raumes, eines undichten Kolbens, zu enger Rohrleitung, sowie der Einfluß des in den Zylinder mitgerissenen Wassers gezeigt werden. Der Voreilungswinkel, die Exzentrizität, sowie die Tourenzahl können leicht geändert und der Einfluß der Undichtigkeit des Grundschiebers nachgewiesen werden. Die beiden Grundschieberhälften können außerdem · einander genähert oder entfernt und dadurch die Deckungen geändert werden. Um mit dem Grundschieber allein arbeiten zu können, wirkt der Regulator nicht allein auf den Expansionsschieber, sondern nach Bedarf auch auf eine Drosselklappe. Die Scheibe für die Balkenbremse sitzt außerhalb der Lager auf der Welle, die mit Rücksicht auf den Zweck der Maschine besonders stark ist. Damit alle Versuche schnell und bequem in den Unterrichtsstunden ausgeführt werden können, sind an allen verstellbaren Teilen Skalen angebracht, und ist die Steuerung von außen zu verstellen.

. Die Versuchsgasmaschine, ein sechspferdiger Ventilgasmotor neuester Konstruktion, ist von der Gasmotorenfabrik Deutz geliefert. Er besitzt alle Einrichtungen, die zur Abnahme von Indikatordiagrammen, zur Bestimmung der effektiven Arbeit, sowie zur Ermittelung des Gasverbrauchs und der Kühlwassermenge erforderlich sind. Zur Ermittelung des Gasverbrauchs, mit Berücksichtigung des Heizwertes, dient ein genauer Gasmesser in Verbindung mit einem Junkers'schen Kalorimeter. Außerdem kann die Gastemperatur am Gasmesser, die Zu- und Abflußtemperatur des Kühlwassers und die Temperatur der Abgase bestimmt werden. Die verlängerte Kurbelwelle trägt eine Bremsscheibe zur Anbringung einer Pendelbremse.

Die Versuchspumpe ist eine doppeltwirkende Dampfpumpe, die auch als einfachwirkende Pumpe arbeiten kann.
Für die Versuche lassen sich Ventile von verschiedener Form
schnell und bequem auswechseln. Durch Schaugläser können
sie während des Betriebes beobachtet werden. Die Pumpe
besitzt alle Einrichtungen zur Abnahme von Indikatordiagrammen, zur Ermittelung der Wassermengen und zur Veränderung der Temperatur des Wassers, zur Veränderung der
Druck- und Saugleitung, sowie zum Messen von Druck-
schwankungen. — Neben der Pumpe sind zu Versuchen verschiedene Injektoren aufgestellt, deren Leitung so angeordnet
ist, daß auch andere Apparate zum Heben von Flüssigkeiten
eingebaut werden können. Zur Untersuchung der Apparate
können die Saug- und Druckhöhen, sowie die Temperatur
des Wassers verändert werden. Die Leistung der Apparate
für beliebige Dampfdrucke bis zur vorhandenen Kessel-
spannung kann bestimmt und die Temperaturerhöhung des
geförderten Wassers gemessen werden.

Im Kesselhause ist zunächst ein Einflammrohrkessel mit
Innenfeuerung von 40 qm Heizfläche aufgestellt. Die Temperatur und die Menge des Speisewassers können, durch die
an passenden Stellen eingeschalteten Instrumente, leicht gemessen werden. Im Mauerwerk des Kessels sind Schau-
löcher zur Beobachtung der Feuerung, Öffnungen für
Thermometer und andere zur Beobachtung der Zugstärke und
zur Entnahme von Rauchgasen angebracht.

Der Raum für Arbeitsmaschinen enthält eine Präzisions-
drehbank, die zum Bearbeiten von Probierstäben eingerichtet
ist, eine freistehende Vertikalbohrmaschine mit Riemenbetrieb,
eine freistehende Vertikalstoßmaschine, eine horizontale Uni-
versal-Fraismaschine, eine Planhobelmaschine, eine Loch-
maschine und Schere, eine Schleifmaschine, eine Bandsäge,
sowie einen Transmissions-Lufthammer, einen Schmiedeherd
und die nötigen Bänke und Werkzeuge. Sämtliche Arbeitsmaschinen können entweder von einer der beiden Dampfmaschinen, oder von dem Gasmotor angetrieben werden.
Sie sollen zunächst den Unterricht über Werkzeugmaschinen
dadurch unterstützen, daß an ihnen einmal die verschiedenen

Mechanismen und die Schutzvorrichtungen erläutert, zum andern, daß sie von den Schülern freihändig skizziert werden. Sie dienen ferner zur Vorführung neuerer Arbeitsmethoden, sowie zur Bestimmung ihrer Arbeits- und Schaltgeschwindigkeiten. Des weiteren werden sie zur Herrichtung von Probierstücken für die Materialprüfung und zur Herstellung von Lehrmitteln für die Anstalt benutzt. Für den Unterricht in der Materialienkunde und Materialprüfung sind in einem besonderen Raum verschiedene der gebräuchlichsten Festigkeitsprobiermaschinen aufgestellt.

Für die praktischen Übungen der Schüler in der Elektrotechnik stehen ein Meßraum, nebst zugehörigem Arbeitsraum, ein Dynamoraum mit zugehörigem Arbeitsraum, ein Akkumulatoren- und Transformationsraum, ein Photometerraum zur Verfügung, sowie die erwähnte selbständige elektrische Beleuchtungsanlage der Anstalt.

Der von Osten und Süden durch fünf Fenster erhellte im Erdgeschoß gelegene elektrotechnische Meßraum ist derart eingerichtet, daß gleichzeitig entweder mehrere Schülergruppen dieselben Meßmethoden oder auch — bei ungleichmäßigem Fortschritt der Schüler — verschiedene Meßmethoden unabhängig von einander ausgeführt werden können. Diesen Anforderungen entsprechend, ist bei der Einrichtung darauf Bedacht genommen worden, daß an zahlreichen Stellen Strom regulierbarer Spannung und Stärke entnommen werden kann. Dieses wird erzielt durch sechs selbständige Stromkreise mit Zweigleitungen, die ganz nach Bedarf von einer aus 60 Zellen bestehenden Meßbatterie oder von den Akkumulatoren, von der Lichtleitung der Anstalt, oder endlich von den zu Versuchszwecken aufgestellten Dynamomaschinen gespeist werden. Die bequeme Ein- bezw. Umschaltung dieser Stromquellen in Stromkreise vermitteln vier Schaltbretter, die auch noch Regulierwiderstände, Meßinstrumente und sonstige Nebenapparate tragen. Die Meßtische und Meßstative stehen auf erschütterungsfreien, gemauerten Stellen.

Der mit dem Meßraum in Verbindung stehende Dynamoraum enthält in seiner Mitte zwei von allen Seiten zugängliche Fundamente zur Aufstellung der elektrischen Versuchsmaschinen. Es sind zunächst eine dynamoelektrische Maschine mit Compoundwickelung für einen Kraftbedarf von 2 PS, eine Universalgleichstrommaschine für einen Kraftbedarf von 6 PS, sowie eine Wechselstrommaschine mit 100 Polwechsel in der Sekunde und einem Kraftbedarf von etwa 5,6 PS beschafft worden. Ihre Mitten liegen durchschnittlich ein Meter über dem Fußboden. Sie werden angetrieben von dem in demselben Raume befindlichen Drehstrom-Asynchronmotor von 7 PS, der von dem städtischen Elektrizitätswerk gespeist wird. In unmittelbarer Nähe des Motors befindet sich seine Schalttafel. Für die Übungen der Schüler sind transportable Schaltbretter vorgesehen, auf denen die Apparate, dem jeweiligen Versuche entsprechend, befestigt werden können.

Der Akkumulatoren- und Transformatorenraum enthält in seinem hinteren, vollständig abgetrennten und gut ventilierten Teile, außer den Säurevorräten, eine Akkumulatorenbatterie von 9 Pollakzellen. In drei Gruppen von je drei hintereinander geschalteten Zellen angeordnet, gehen von denselben drei starke Doppelleitungen nach dem elektrischen Meßraum, wie nach den physikalischen Vortragssälen, woselbst ihnen durch bequeme Schaltvorrichtungen Ströme verschiedener Spannung und Stärke entnommen werden können. Im vorderen Teile des Raumes befindet sich ein Gleichstromumformer — primär 120 Volt, sekundär 24 Volt und 8 Amp. —, der zur Ladung der Akkumulatoren aus der Lichtleitung der Anstalt bestimmt ist, sowie ein vom städtischen Elektrizitätswerk gelieferter Drehstromtransformator für den Motor im Dynamoraum.

Die elektrotechnischen Laboratorien sind nach den Vorschriften der Schule von der Elektrizitäts-Aktiengesellschaft vormals Schuckert & Co. in Nürnberg eingerichtet worden.

In der Nähe des Photometerraumes liegen drei Räume zur photographischen Reproduktion von Zeichnungen für die Lehrheftatlanten, sowie für die Herstellung von Lichtpausen mittels künstlichen Lichtes; zu diesem Zwecke sind sie mit mehreren Bogenlampen von je 25 Amp. und den sonst notwendigen Apparaten ausgestattet.

Die Kgl. Vereinigten Maschinenbauschulen Elberfeld-Barmen.

Die Schule wurde unter dem Direktorat des Herrn Professor Otto Köhler, jetzt Regierungs- und Gewerbeschulrat in Aachen, von den Schwesterstädten Elberfeld-Barmen mit einem Kostenaufwand von über 1 000 000 Mark errichtet.

Die ganze Anlage,

an der Grenze der beiden Städte in Elberfeld, Gartenstraße 45, gelegen, besteht aus einem Hauptgebäude, das die Verwaltungsräume, die Unterrichts- und Zeichensäle, die Sammlungsräume und die umfangreichen Laboratorien für Elektrotechnik enthält, sowie einem besonderen Maschinenhaus mit Versuchswerkstätten für Kraftmaschinen-, Arbeitsmaschinen- und Materialprüfung.

Durch die überaus freie und erhöhte Lage, am Abhange des Hardtberges etwa 25 m über der Sohle des Wuppertales, ist dem Schulgebäude, sowie auch dem Maschinenhause gutes Licht von allen Seiten gesichert; von den südlichen, westlichen und östlichen Räumen des Hauptgebäudes aus, hat man einen wundervollen Ausblick auf das Wuppertal und die dasselbe einfassenden Höhen. Durch die Lage der Nordseite des Gebäudes, nach dem ausreichend großen Schulhofe hin, ist die Erhaltung guten Nordlichtes für die an dieser Seite liegenden Zeichensäle sichergestellt.

Der Bauplatz, zwischen der Garten-, Elisen- und Hardtstraße gelegen, hat eine Größe von ca. 5400 qm. An die Westseite dieses Platzes schließt sich ein, seinerzeit von der Stadt Elberfeld angekaufter, noch unbebauter Grundstückteil an, welcher für eine etwaige spätere Erweiterung zur Verfügung steht.

Die Anordnung der Gebäude auf dem Baugrundstück ist so getroffen, daß das Hauptgebäude an der Gartenstraße steht und seine Hauptfront (Südseite) der Stadt zukehrt. Bei eintretendem Bedürfnis kann eine Vergrößerung des Hauptgebäudes nach der Westseite hin erfolgen. Nördlich vom

Hauptgebäude, in 20 m Entfernung von demselben, erhebt sich das Maschinengebäude, woran sich an der nordöstlichen Ecke (in 2 m Abstand) das Akkumulatoren- und Abortsgebäude schließt. Das Maschinengebäude kann nach der Ostseite hin vergrößert werden.

a) Gesamtansicht.

Das Hauptschulgebäude

ist mit Rücksicht auf gute Lichtverhältnisse und die wahrscheinliche baldige Bebauung der an der anderen Straßenseite gelegenen Privatgrundstücke durch einen 12,5 tiefen Vorgarten von der Gartenstraße getrennt. Das Gebäude bedeckt bei einer Länge von 55,42 m und einer Breite von 23,36 m im Mittelbau und den beiden Seitenbauten, sowie 22,84 m in den beiden Zwischenbauten, eine Grundfläche von 1307 qm.

b) Lageplan.

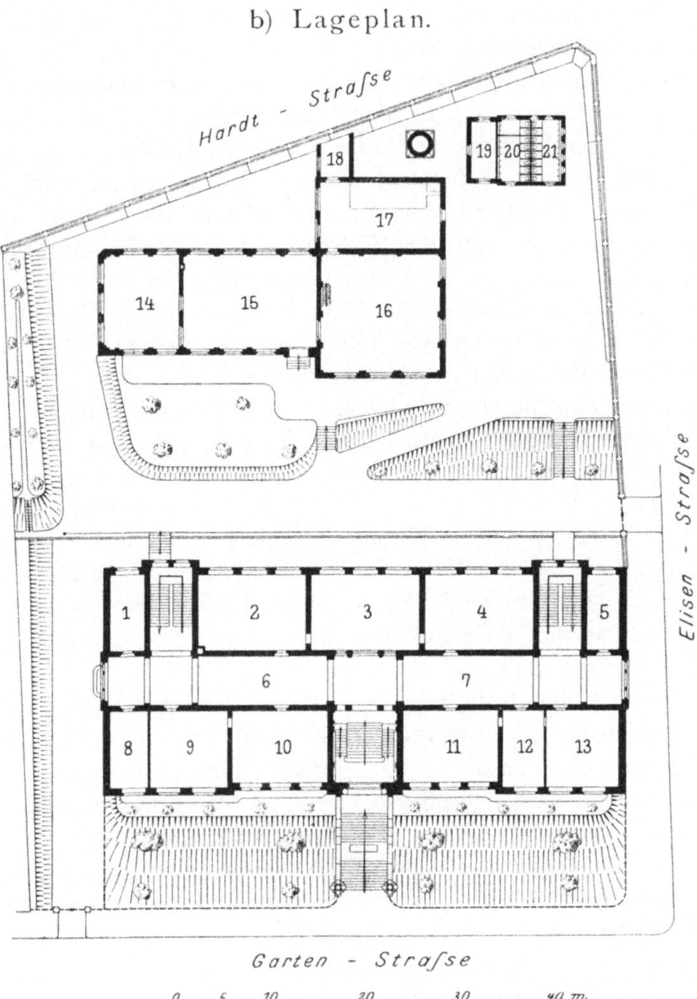

Im Hauptgebäude (Erdgeschoß):

1., 5., 8., Lehrerzimmer, 2., 4. Klassenräume, 3., 9., 13. Sammlungsräume, 6., 7., Korridor, 10. Elektrotechnisches Laboratorium, 11. Elektrotechnisches Unterrichtszimmer, 12. Kalorimeterzimmer.

Im Maschinenhaus:

14. Materialprüfungsraum, 15. Werkstätte, 16. Maschinenraum, 17. Kesselhaus, 18. Kohlenraum.

Im Nebengebäude des Maschinenhauses:

19. Akkumulatorenraum, 20., 21. Aborte.

Die Treppenhausvorbauten springen 72 cm weit, die Risalite an den Seitenfronten 26 cm weit vor. Die Höhe des Gebäudes vom Untergeschoßfußboden bis zum Hauptgesimse beträgt 19,05 m, bis zum Mansardengesimse 23,25 m.

Bei der Stellung und Einteilung des Gebäudes ist besonderer Wert darauf gelegt worden, daß sämtliche Zeichensäle reines Nordlicht und die Lehrräume für Physik und Chemie ihr Licht von der Südseite erhalten. An der Südseite liegen außerdem die Verwaltungsräume, der Ausstellungssaal, das Lehrerzimmer, der Bibliothekraum usw. Der Erdgeschoßfußboden liegt 3 m höher als die Gartenstraße, wodurch der Fußboden des Untergeschosses und der in demselben angeordneten Schuldiener- und Heizerwohnung fast in gleiche Höhe mit dem äußeren Terrain gebracht werden konnte, und außerdem die Anlage bequemer Ausgänge nach dem Hofe, von den ersten Podesten der beiden Haupttreppen aus, möglich wurde. Durch Anlegung eines 3 m breiten Lichtgrabens an der Nordseite, welcher nördlich durch eine die Hofzufahrt stützende Mauer abgeschlossen wird, erhalten auch die an dieser Gebäudeseite liegenden Untergeschoßräume gutes Licht.

Das Gebäude besteht aus einem Untergeschosse, dem Erdgeschosse, zwei Obergeschossen und dem vollständig ausgebauten, und reichlich mit großen Fensteröffnungen versehenen Mansardengeschosse, welches als volles Stockwerk zu betrachten ist. Jedes Geschoß wird durch einen 5 m breiten Mittelkorridor in zwei Teile (einen südlichen und einen nördlichen) getrennt. Zwei aus Ruhrsandstein hergestellte, vom Unter- bis ins Dachgeschoß führende Haupttreppen verbinden die Geschosse untereinander.

Im Kellergeschosse liegen an der Südseite die Dienstwohnungen für den Schuldiener und den Maschinenwärter, der 73,53 qm große Dynamoraum, welcher mit dem darüber im Erdgeschosse liegenden elektrotechnischen Meßraume durch eine gußeiserne Wendeltreppe verbunden ist, und ein mit Eingangstür vom Vestibül aus versehenes Schuldienerdienstzimmer. Die Nordseite wird eingenommen von dem Kesselraume mit Luftvorwärmekammer und Koksraume der

Zentralheizung, dem Arbeitsraume für Elektrotechniker (55,73 qm), zwei kleineren Räumen (zus. 25,6 qm) für die zweite Akkumulatorenbatterie. Diese Batterie ist vom Staat beschafft. Sie wird vom Maschinenhause aus geladen und liefert den Strom für Demonstrationszwecke in den Vortragssälen für Physik und Chemie, sowie für das elektrotechnische Laboratorium. Ferner liegen im Untergeschoß ein 69,75 qm großer Reproduktionsraum, die Dunkelkammer (16,15 qm) und ein entsprechend abgeteilter, 16,70 qm großer Raum, der die Aborte für Lehrer und für die beiden Dienstwohnungen enthält.

Das Erdgeschoß enthält im Mittelbau an der Südseite das in einfacher, würdiger Weise ausgestattete Vestibül, welchem nach der Gartenstraße hin, die in reichlichen Abmessungen ausgeführte Freitreppe vorgelagert ist. Im Vestibül führt ein 4 m breiter Treppenarm nach dem Erdgeschoßflur hinauf, während zwei kleinere, seitliche Treppenarme nach dem Flur des Untergeschosses hinabführen. Dem Vestibül schließen sich östlich der Vortragssaal für Elektrotechnik (75,13 qm), das Kalorimeterzimmer (33,31 qm) und ein Sammlungsraum (63,04 qm) für mechanische Technologie, westlich der mit dem Kellergeschoß durch eine Wendeltreppe verbundene elektrotechnische Meßraum (75,14 qm), die elektrotechnische Sammlung (67,53 qm) und ein 31,12 qm großes Lehrerzimmer an. An der Nordseite liegen zwischen den beiden Haupttreppen zwei gleich große Klassenräume, welche bei je 11,49 m Länge und 7,81 m Breite eine Grundfläche von je 89,74 qm haben. Zwischen den beiden Klassen liegt ein Sammlungsraum von gleicher Größe. Jedem dieser drei Räume wird durch besonders breite und hohe Fenster eine große Lichtfülle zugeführt. An der nordwestlichen und nordöstlichen Ecke des Gebäudes liegt je ein 28,43 qm großes Lehrerzimmer.

Das erste Obergeschoß enthält an der Südseite im Mittelbau den Sammlungsraum für Physik (58,25 qm); östlich daran schließt sich der Vortragssaal für Physik und Chemie (77,53 qm), das Vorbereitungszimmer (36,77 qm) und das Laboratorium (65,20 qm) an, während westlich das all-

gemeine Lehrer- und Lesezimmer (77,53 qm) und der Bibliothekraum (103,02 qm) sich befinden. An der Nordseite
liegen — in gleichen Größen wie im Erdgeschosse. — zwei
Klassenzimmer mit dazwischen befindlichem Sammlungsraum,
nordwestlich und nordöstlich je ein Lehrerzimmer.

Das zweite Obergeschoß enthält an der Südseite im
Mittelbau den 219 qm großen Ausstellungssaal, welcher
gleichzeitig als Aula benutzt wird. Diesem Saale schließen
sich westlich das Prüfungs- und Konferenzzimmer (103,02 qm),
östlich die beiden Amtszimmer (65,44 und 37,01 qm) für den
Direktor an. Im nördlichen Teile liegen wieder zwei Klassenzimmer mit Sammlungsraum und zwei Lehrerzimmer, deren
Größen den betreffenden Räumen des Erdgeschosses entsprechen.

Das dritte Ober- oder Mansardengeschoß, dessen sämtliche Umfassungswände innen senkrecht hergestellt sind,
nimmt an der Südseite drei Reserveklassenzimmer von
95,27 + 74,88 + 74,88 qm Größe, einen im Mittelbau liegenden
Reserveraum (60,95 qm) und die aus fünf Räumen bestehende
Dienstwohnung des Maschinenmeisters auf, während nördlich
zwei Klassenzimmer von je 87,62 qm Grundfläche, ein 88,11 qm
großer Sammlungsraum, ein Lehrerzimmer (26,65 qm) und
ein Reservezimmer (26,65 qm) ihren Platz gefunden haben.

Die Fronten sind in einfacher Weise in deutscher
Renaissance aus mattroter Ziegelverblendung mit Verwendung von gelblich-grauem Heilbronner Sandstein zu den
Architekturteilen, und Basaltlava zum Sockel, ausgeführt. Von
der Verwendung von Putzflächen hat man mit Rücksicht auf
die hierdurch entstehenden höheren Unterhaltungskosten Abstand genommen. Den Mittelbau ziert ein ganz aus Sandstein ausgeführtes Portal, dessen Schlußstein das Wappen des
Maschinenbaues trägt und hierdurch den Zweck der Anstalt
andeutet. Im oberen Teile des Mittelrisalits wird in einer
größeren Füllung durch den preußischen Adler, welcher
westlich das Elberfelder, östlich das Barmer Stadtwappen
hält, der staatliche Charakter der Anstalt gekennzeichnet und
gleichzeitig an die beiden Städte, als Erbauerinnen, erinnert.
Durch entsprechende Giebelaufbauten ist das Äußere der

Fronten belebter gestaltet. Das Dach nebst Mansarde ist mit englischer Schiefereindeckung versehen.

Der innere Ausbau des Gebäudes ist, soweit möglich, feuersicher ausgeführt worden. Die sämtlichen Decken, mit Ausnahme derjenigen des Mansardengeschosses, sind aus Bimskiesbeton hergestellt; nur das Mansardengeschoß hat Spalierdecken erhalten. Die Dachbinder sind mit Rücksicht auf die in der Mansarde durch Schwemmsteinwände verkleidete Dachkonstruktion aus Flußeisen hergestellt; im übrigen besteht das Dachwerk aus Holz. Die Fußböden aller Lehrräume bestehen aus Pitchpine-, diejenigen der Dienstwohnungen aus Tannenholz. Die Flure und Treppenpodeste haben Mosaikplattenbelag, die nicht zu Wohnungen benutzten Untergeschoßräume Zementestrichfußboden erhalten. Die Treppen sind aus Ruhrsandstein hergestellt und haben schmiedeeiserne, mit eichenen, polierten Handgeleiten versehene Geländer erhalten. Die Decken sind gerade geputzt und nebst dem über Brüstungshöhe liegenden Teile der Wandflächen weiß gestrichen. Die unteren Wandteile haben Kaseïnfarbenanstrich erhalten.

Die Heizung der sämtlichen Räume, mit Ausnahme der Dienstwohnungen, erfolgt durch eine Niederdruckdampfheizungsanlage. Zur Erzeugung des Dampfes sind zwei liegende Niederdruckdampfkessel von zusammen 62 qm Heizfläche angeordnet. Die größeren Lehrräume werden durch frei an den Wänden gelagerte, glatte Heizröhren von 26 mm l. W. derart erwärmt, daß die Zimmerluft bei einer Außentemperatur von — 20° C. bis auf + 20° C., die Luft der Vorplätze, Flure und Treppenhäuser auf + 15° C. gebracht werden kann. Die Lüftung erfolgt durch vorgewärmte, unter der Haupteingangstreppe von außen entnommene Luft, welche von der im Keller liegenden Luftvorwärmekammer in einen unter der Kellerdecke angeordneten Kanal steigt und von hier aus durch Wandkanäle den einzelnen Zimmern zugeführt wird.

Sämtliche Räume werden elektrisch beleuchtet. Die Maschinen der Beleuchtungsanlage befinden sich im Maschinengebäude, in dem ferner die für die Laboratoriums-

übungen der Schüler erforderlichen Versuchsmotoren, Arbeitsmaschinen und Materialprüfungsmaschinen aufgestellt sind.
In den Lehrräumen sind 37 Differential-Gleichstrombogen-
lampen von je 11 Ampere für indirekte Beleuchtung vorhanden. Die Flure, Arbeitszimmer der Lehrer und einige
andere Räume haben Beleuchtung durch Glühlicht erhalten.
Die Bogenlampen der Lehrräume sind mit Aufzugsvorrichtung
versehen und werfen ihr Licht, mittels besonders konstruierter
Schirme, gegen die weiß gestrichene Decke und die oberen
Wandflächen, von wo aus es vollständig zerstreut und fast
ohne Schlagschattenbildung auf den unteren Teil des Raumes
zurückgeworfen wird. Die Leitungen liegen frei auf der
Wand. Die Schaltbretter in den Fluren sind durch hölzerne
Schränke umkleidet, deren Türen mit Glasscheiben versehen
sind, damit die Schaltanlage gleichzeitig für Unterrichtszwecke
benutzt werden kann.

Sämtliche Lehrräume haben Wasserleitung erhalten.
Gasleitung war nur für die zum Unterricht in Physik und
Chemie bestimmten Räume erforderlich. Alle Leitungen nach
den Experimentiertischen der Physik- und Chemieräume liegen
in Kanälen, welche zwischen der massiven Decke und dem
Holzfußboden angeordnet sind.

Jedes Klassenzimmer enthält:

> 5 Zeichentische von 6 m Länge und 90 cm Breite,
> mit 30 Schülerstühlen,
> 1 Vortragstisch von 4 m Länge und 80 cm Breite,
> mit Podium und Lehrerstuhl,
> 1 3,13 m breite Doppelschiebewandtafeleinrichtung,
> 1 Kommode für Zeichnungen und
> 30 Kleiderhalter und Schirmständer.

Der Ausstellungssaal hat 200 Rohrstühle nebst dem
Rednerpult mit Estrade erhalten; außerdem sind für diesen
Raum 30 Ausstellungstische mit besonderen Gestellen zum
Aufhängen der Zeichnungen vorhanden. Die Vortragssäle für
Physik und Chemie haben abgetreppte Podien mit je 40 Sitzen
Lickrothscher Schulbänke und Fensterverdunkelungvor-
richtungen erhalten. Außerdem sind diese Räume, sowie die

beiden Vorbereitungszimmer und das Laboratorium, mit den für alle Erfordernisse des praktischen Unterrichts eingerichteten Experimentiertischen, Abzugsschränken, Wandtafelgestellen, Projektionsschirmen, Wasserstrahlgebläsen, Laboratoriumstischen, Glasschränken usw. ausgestattet.

Die vier großen Sammlungsräume enthalten die erforderlichen Glasschränke, Skizziertische, Zeichengestelle und Schemel.

Das 20 m vom Hauptgebäude entfernte

Maschinenhaus

besteht aus zwei Bauteilen von 22,92 m Länge und 11,20 m Breite, bezw. 21,34 m Länge und 13,38 m Breite und bedeckt eine Grundfläche von 562 qm.

Nördlich ist der Kohlenraum in 5 m Länge, 4 m Breite und 4 m Höhe angebaut. Die Höhe des Maschinengebäudes beträgt an der Traufe 5,30 bezw. 6,80 m, in der Dachmitte 7,45 bezw. 9,95 m über dem äußeren Terrain; der Keller unter dem Maschinenraume ist 3,10 m hoch. Das Gebäude enthält, außer dem vorgenannten Kohlenraume, den Kesselraum (87 qm), den Maschinenraum (154,4 qm), die Versuchswerkstätte (142,2 qm) und den 80,6 qm großen Versuchsraum für Materialprüfung. Der Maschinenraum ist unterkellert und mit dem Kellerraum durch eine eiserne Treppe verbunden. Das Maschinengebäude ist massiv und vollständig feuersicher ausgeführt und mit Spiraleisenbetongewölben mit Asphaltpappdeckung überdeckt; nur der Kohlenraumanbau hat Zinkdach erhalten. Die Fronten sind mit Strangpreßziegeln verblendet, die ausreichend groß hergestellten Fenster aus Schmiedeeisen ausgeführt. Der Fußboden besteht im Maschinenraume aus Mosaikplatten, im Kessel- und Kohlenräume aus Klinkerpflaster, während in der Versuchswerkstätte, dem Materialprüfungsraume und dem Kellerraume Zementestrichbelag hergestellt ist. 7 Stück Bogenlampen von je 8 Amp. und die nötigen Glühlampen sind für die Beleuchtung des Gebäudes, eine Hochdruckdampfheizung, welche mit reduziertem Dampf vom Dampfkessel gespeist wird, für die Erwärmung des Maschinenraumes, der Werkstätte und des Versuchsraumes vorhanden. Für den in der Werkstätte angebrachten Laufkran ist von den Städten nur das für die Laufschienen erforderliche Eisengerüst beschafft. Nordöstlich vom Maschinengebäude ist das 16 Sitze enthaltende Abortgebäude, mit angebautem Akkumulatorenraum errichtet.

Grundriß des Maschinenhauses der Kgl. Vereinigten Maschinenbauschulen Elberfeld-Barmen.

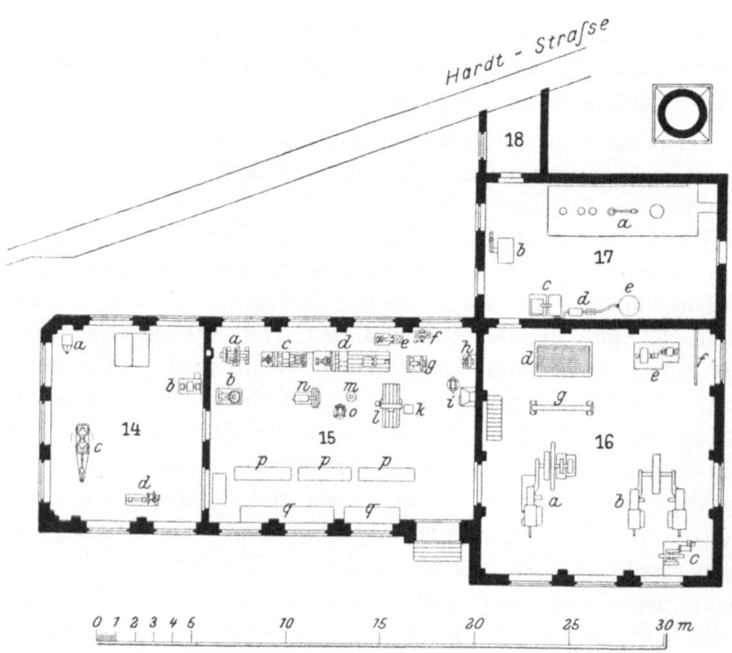

14. Materialprüfungsraum, 14a. Wage, 14b. Antriebsmotor, 14c. Materialprüfungsmaschine, 14d. Torsionsmaschine, 15. Werkstätte, 15a. Shapingmaschine, 15b. Stoßmaschine, 15c., 15d. Drehbänke, 15e.,15o. Bohrmaschinen, 15f. Schleifstein, 15g. Schneidemaschine, 15h. Gebläse, 15i. Amboß mit Schmiedeherd, 15k., 15q. Werktische, 15l. Hobelmaschine, 15m. Schleifmaschine, 15n. Fräsmaschine, 15p. Zeichentische, 16. Maschinenraum, 16a. Versuchsdampfmaschine, 16b. Betriebsdampfmaschine, 16c. Gasmotor, 16d. Versuchsrost, 16e. Dynamos, 16g. Kran, 16f. Schalttafel, 17. Kesselhaus, 17a. Dampfkessel, 17b. Kohlenwage, 17c. Wage und Speisebassin, 17d. Pumpe, 17e. Vorwärmer, 18. Kohlenraum.

Die für die Erzeugung des elektrischen Stromes der Beleuchtungseinrichtung erforderlichen maschinellen Anlagen mußten von den beiden Städten geliefert werden. Dampfkessel und Dampfmaschine sind in solcher Größe ausgeführt, daß dieselben auch für den Betrieb der zu Lehrzwecken vom Staate gestellten Maschinen usw. vollkommen ausreichen.

Von den beiden Städten sind beschafft und im Maschinenhause aufgestellt worden: ein Einflammrohr-Dampfkessel mit darüberliegendem Dampfsammler, von ca. 40 qm Heizfläche und 8 Atm. Genehmigungsdruck, ein Vorwärmer nebst Penberthy-Injektor und vierfach wirkender Worthington-Dampfpumpe für die Dampfkesselanlage, eine liegende Compound-Dampfmaschine, ohne Kondensation, mit entlasteter Ridersteuerung, von 40 effekt. Pferdestärken Normalleistung bei 7,5 Atm. Anfangsspannung, alle zu der Kessel- und Maschinenanlage erforderlichen Rohrleitungen und Nebenapparate, für die elektrische Lichtanlage eine Gleichstrom - Nebenschluß-Dynamomaschine für eine Leistung von 20 000 Watt bei einem maximalen Kraftbedarf von 40 PS eff., eine Zusatz-Dynamomaschine für eine Leistung von 3600 Watt bei einem maximalen Kraftbedarf von 6 PS, eine aus 72 Elementen Type E 10 der Akkumulatorenfabrik-Aktiengesellschaft Berlin-Hagen i. W. bestehende Akkumulatorenbatterie mit einer garantierten Kapazität von 240 bis 325 Stunden bei einer 3—10stündigen Entladung und einer maximalen Lade- und Entladestromstärke von 80 Amp. und die für die Lichtanlage erforderliche Schalteinrichtung.

Bei der Einrichtung der Dampfkessel- und Maschinenanlage war von vornherein auf ihre Verwendung zu Unterrichtszwecken Rücksicht genommen. Es sind deshalb überall Vorkehrungen zur Anbringung von Versuchseinrichtungen vorhanden.

Der Staat versieht die Anstalt mit reichlichen Mitteln. Die Lehrmittel werden planmäßig ergänzt und erweitert. Bis jetzt sind Versuchswerkstätten für Kraftmaschinen, Arbeitsmaschinen und für Materialienprüfung sowie Laboratorien für Physik, Elektrotechnik und eine Reihe technischer Sammlungen eingerichtet worden.

7*

Die Laboratorien.

Das Laboratorium für Kraftmaschinen enthält — außer der von den Städten gelieferten Maschinenanlage — eine Versuchsdampfmaschine, einen Versuchsgasmotor und die Vorrichtungen zur genauen Untersuchung aller Maschinen.

Die Versuchsdampfmaschine, eine liegende Einzylindermaschine mit Ridersteuerung von 240 mm Cylinderdurchmesser und 520 mm Hub, hat eine Reguliervorrichtung erhalten, die eine Veränderung der Umdrehnngszahl von 30 bis 120 ermöglicht. Von derselben können Versuchspumpen, Kompressoren usw. angetrieben werden, die man demnach mit jeder gewünschten Umdrehungszahl, beziehungsweise Kolbengeschwindigkeit laufen lassen kann. Zu dem Zwecke ist der Versuchsdampfmaschine gegenüber ein großer Fundamentrahmen mit schwalbenschwanzförmigen Nuten angeordnet, der die Montage der zu untersuchenden Arbeitsmaschinen in kürzester Zeit gestattet. Zur Erleichterung der Arbeit ist ein fahrbarer Bockkran von 2000 kg Tragkraft vorgesehen.

Die Versuchsdampfmaschine hat außerdem noch Einrichtungen, die die Feststellung der Nutzleistung, der indizierten Leistung und ohne große Vorbereitungen die Einstellung solcher Fehler gestattet, die sich durch Indikatordiagramme nachweisen lassen.

Der Versuchsgasmotor kann entweder mit gasförmigen oder mit flüssigen Brennstoffen betrieben werden. Er besitzt alle Einrichtungen, die zur Vornahme von Brems- und Indikatorversuchen erforderlich sind. Zur Bestimmung des Heizwertes der verschiedenen Brennflüssigkeiten dient ein Junker'sches Kalorimeter.

Für die Arbeiten in der Versuchswerkstätte für Arbeitsmaschinen stehen zur Verfügung: eine Drehbank, eine Bohrmaschine, eine Hobelmaschine, eine Stoßmaschine, eine Feilmaschine, eine Universalfräsmaschine, eine Schleifmaschine, eine Lochstanze mit Schere, ferner ein Schmiedeherd mit Gebläse und Zubehör, eine Richtplatte mit allen Meß- und Anreißinstrumenten, eine Werkbank mit fünf Schraubstöcken verschiedener Konstruktion und eine kleine Hobelbank. Ein Laufkran von 1000 kg Tragkraft besorgt den Transport der Werkstücke.

Zur Materialprüfung dient eine große Materialprüfungsmaschine, von 50 000 kg Tragkraft, zur Vornahme von Zug-, Druck-, Biegungs- und Abscherfestigkeitsversuchen. Außerdem ist eine Draht-Torsionsmaschine aufgestellt.

Die Werkzeug- und Materialprüfungsmaschinen werden gewöhnlich elektromotorisch angetrieben. Bei größerem Arbeitsbedarf kann aber auch die Versuchsdampfmaschine mit herangezogen werden.

Für die praktischen Übungen der Schüler in der Elektrotechnik ist im Untergeschoß des Hauptgebäudes eine besondere, von der Lichtbatterie unabhängige Akkumulatorenbatterie vorhanden. Dieselbe wird vom Maschinenhaus aus geladen und besitzt eine Schaltvorrichtung, die eine Veränderlichkeit der Spannung des Entladestromes von 10 zu 10 Volt bis 100 Volt zuläßt. Weitere Elektrizitätsquellen werden durch kleine transportable Batterien, durch die Dynamomaschinen des Maschinenhauses und durch die verschiedenartigen Dynamomaschinen des besonderen Dynamoraumes geboten. Der Dynamoraum liegt ebenfalls im Untergeschoß des Hauptgebäudes; er enthält einen Elektromotor, der eine Transmissionswelle antreibt, von welcher aus die verschiedenen Dynamomaschinen, welche Versuchs- und Stromerzeugungszwecken dienen sollen, betätigt werden können. Eine Wendeltreppe sorgt für die direkte Verbindung des Dynamoraumes mit den übrigen im Erdgeschoß befindlichen Räumen des elektrotechnischen Laboratoriums und der elektrotechnischen Sammlung.

Die Sammlungen.

Die elektrotechnische Sammlung besteht aus der Demonstrationssammlung, aus den Apparaten und Instrumenten für die Schülerübungen und aus der Sammlung von Präzisionsinstrumenten, die in erster Linie für die Hand des Lehrers bestimmt sind. Die Sammlungen für Physik und Chemie sind im ersten Obergeschoß untergebracht. Hier befindet sich auch das Laboratorium für die vorbereitenden Übungen in der Physik.

Die Sammlungen für den übrigen Unterricht sind nach den vier Unterrichtsstufen eingeteilt und auch dementsprechend im Hauptgebäude untergebracht. Die Unterstufe gebraucht für den Unterricht im vorbereitenden Zeichnen, sowie für die darstellende Geometrie, besonders Holzmodelle, welche außer den geometrisch-regelmäßigen Körperformen hauptsächlich einfache Gebrauchsformen des Maschinenbaues darstellen.

Für die folgenden Stufen kommen nacheinander die Sammlungen für Maschinenelemente, Dampfmaschinen, Dampfkessel, Hebemaschinen und mechanische Technologie in Betracht. Bei der Aufstellung derselben ist der Grundgedanke ausschlaggebend gewesen, daß für die Anschauung nur wirkliche, in maßgebenden Maschinenfabriken hergestellte Ausführungen von Maschinenteilen und ganzen Maschinen benutzt werden, damit nicht etwa durch unvollständige oder fehlerhafte Modelle und dergleichen falsche Vorstellungen geweckt und gebildet werden.

Als Ergänzung dieser Sammlungen dient schließlich noch eine große Sammlung technischer Zeichnungen. Dieselbe ist entstanden und wird fortgesetzt vervollständigt aus den Werkstattzeichnungen namhafter Firmen.

VI. Die Lebensführung der Schüler.

Im Abschnitt IV haben wir erfahren, wie außerordentlich vielseitige Gelegenheit den jungen Leuten an den Maschinenbauschulen geboten wird, um sich tüchtige Fachkenntnisse aneignen zu können. Dementsprechend werden aber auch sehr hohe Anforderungen an den Fleiß und die Arbeitskraft des Schülers gestellt. Wir wollen nunmehr die Frage erörtern, wie der junge Mann seine Lebensführung am zweckmäßigsten gestaltet, um das erstrebenswerte Ziel sicher zu erreichen.

Beginnen wir mit dem nächstliegendsten, den Kosten des Schulbesuches, so ist zu erwähnen, daß an Schulgeld pro Jahr zu zahlen sind, in der

Maschinenbauschule . . . . 60 M.
höheren Maschinenbauschule . 150 „

welche Beträge nicht auf einmal, sondern in Quartalsraten, erhoben werden. Diese Kosten sind außerordentlich gering, im Verhältnis zu dem Schulgeld an den privaten technischen Lehranstalten,[1] welches dort durchschnittlich 250—300 M. jährlich beträgt, außerdem werden an den Techniken noch Einschreibegebühren, sowie Extraabgaben für die Benutzung der Laboratorien und Bibliotheken erhoben u. a. m. An den Kgl. Schulen sind dagegen keinerlei Nebenabgaben, mit Ausnahme der Examengebühr von 10 M. für die Reifeprüfung, sowie 2,50 M. für die Unfallversicherung. Bedenken wir ferner, daß

---

[1] Vgl. Kapitel II.

an den Privatanstalten, wie schon früher erwähnt, auf einen Lehrer in vielen Fällen annähernd an 60 Schüler kommen, an den Kgl. Schulen dagegen nie über 30, so ist es leicht einzusehen, daß das Unterrichtsgeld an den Staatsanstalten im Verhältnis zu deren Gegenleistungen außerordentlich gering ist.

Von Ausländern, welche die Kgl. Maschinenbauschulen besuchen wollen, wird nun aber der fünffache Betrag des gewöhnlichen Schulgeldes erhoben, also 750 M. für die erste und 300 M. für die zweite Abteilung. Diese Sätze entsprechen ungefähr den tatsächlichen Kosten, die der Verwaltung pro Kopf eines jeden Schülers erwachsen, und welche durch das eingehende, also nur den fünften Teil betragende Schulgeld, natürlich bei weitem nicht gedeckt werden können. Die großen Geldopfer, welche auf diese Weise der preußische Staat bei Errichtung und Unterhaltung der Maschinenbauschulen bringt, können daher auch nur für die deutsche Jugend bestimmt sein, nicht aber für Ausländer, umso weniger, weil die Eltern der letzteren meistens nicht in Deutschland ansässig sind und deswegen hier auch keine Steuern zahlen. Aber auch noch ein anderer Grund hat den Anlaß gegeben, diese Maßregel zu treffen: Der auf unseren Schulen ausgebildete Ausländer würde später in der Praxis, innerhalb und außerhalb unseres Vaterlandes, dem deutschen Techniker den Existenzkampf ganz bedeutend erschweren, was doch im direkten Gegensatz zu den Beweggründen stehen würde, welche für die Errichtung der Kgl. Maschinenbauschulen maßgebend sind.

Als weitere Ausgaben für den Schulbesuch kommen noch die Anschaffungen an Büchern und Zeichenmaterialien hinzu, und zwar betragen diese Kosten zu Anfang des ersten Semesters etwa 50 M., dann für jede weitere Klasse zirka 30—40 M.,[1]) also ungefähr, alles in allem, 150 M.; ferner für die erwähnten technischen Exkursionen 10—15 M. pro Semester, somit im ganzen etwa nochmals 50 M.

---

[1]) Diese Ausgaben pflegen die Schüler von ihrem Taschengeld zu bezahlen.

Die eigentlichen Kosten für den zweijährigen Schulbesuch betragen demnach:

	I. Abteilung	II. Abteilung
Schulgeld	300 M.	120 M.
Bücher, Zeichenmaterialien	150 „	150 „
Exkursionen	50 „	50 „
Also insgesamt	500 M.	320 M.

Auch die Bestreitung dieser verhältnismäßig geringen Kosten, zur Erlangung einer gründlichen Fachausbildung, wird demjenigen jungen Manne, welcher Bedürftigkeit und Würdigkeit nachweist, in weitgehendster Weise nach Möglichkeit erleichtert. Der Staat erläßt ihm nicht nur das Schulgeld, sondern unterstützt ihn auch noch mit namhaften Beträgen für seine Lebenshaltung.

Für die Gewährung von Unterstützungen aus staatlichen Mitteln sind folgende Bestimmungen getroffen:

A. Für solche Bewerber, die an der Schule, für welche sie das Stipendium beantragen, am Unterricht schon so lange teilgenommen haben, daß beurteilt werden kann, ob sie nach Führung, Fähigkeiten und Leistungen eines Stipendiums würdig sind, haben die Direktoren die von ihnen oder den Kuratorien für begründet erachteten Anträge vorzubereiten.

Die Anträge, welche jedesmal für ein Semester zu stellen sind, müssen enthalten:

a) einen selbstverfaßten und geschriebenen Lebenslauf des Bewerbers;

b) eine behördliche Auskunft über die Führung des Bewerbers, sowie seine und seiner Eltern Familien-, Einkommens- und Vermögensverhältnisse;

c) das Abgangs- oder letzte Zeugnis des Bewerbers von der Volksschule oder der von ihm besuchten höheren Schule, ein Zeugnis über seine Führung und Leistungen auf der betreffenden Maschinenbauschule, sowie etwaige weitere Zeugnisse über seine Leistungen in der Praxis oder auf früher besuchten gewerblichen Fachschulen.

Bei Wiederholung der Anträge ist die nochmalige Beibringung der unter a—c angeführten Unterlagen nicht mehr erforderlich. Die Stipendien sind ausschließlich für preußische Staatsangehörige bestimmt.

B. Für solche Bewerber, die ein Stipendium für eine Schule beantragen, welche sie noch nicht besuchen, können Unterstützungen nur ausnahmsweise bewilligt werden und zwar unter der Voraussetzung, daß der Bewerber auf Grund vorgelegter Zeugnisse und Arbeiten einerseits besonders würdig und tüchtig, andererseits völlig mittellos erscheint.

Die Bewilligung aller Stipendien erfolgt nur unter der jedesmal vom Direktor dem Bewerber mitzuteilenden Voraussetzung, daß dieser am Unterricht stets gewissenhaft und eifrig teilnimmt und, hinsichtlich seiner Führung und Leistungen, in keiner Weise Anlaß zu Tadel gibt, widrigenfalls müsse ihm die Beihilfe unverzüglich entzogen werden.

Die Auszahlung der Stipendien erfolgt an den Empfänger gegen die vom Direktor bescheinigte Quittung durch die Regierungshauptkasse in monatlichen oder vierteljährlichen Teilbeträgen.

Über den Erlaß des Schulgeldes hat der Herr Minister für Handel und Gewerbe folgende Grundsätze aufgestellt:

1. Über jeden Antrag sind der Direktor und das Kuratorium der Anstalt gutachtlich zu hören.
2. Das Schulgeld wird entweder ganz oder zur Hälfte erlassen.
3. Die Befreiung ist nur auf ein Semester und mit dem ausdrücklichen Vorbehalte jederzeitigen Widerrufs für den Fall des Unfleißes oder schlechten Betragens zu gewähren.
4. Das Schulgeld ist in der Regel nur solchen Schülern zu erlassen, die bereits ein Semester die Anstalt besucht haben.
5. Ist einem Schüler das Schulgeld einmal erlassen, so ist es ihm auch ferner zu erlassen, wenn sich seine Vermögensverhältnisse nicht gebessert haben und sonstige Bedenken nicht obwalten.
6. Reichen die zum Erlaß des Schulgeldes verfügbaren Mittel zur Berücksichtigung aller für begründet zu

erachtenden Anträge nicht aus, so sind zunächst diejenigen, die bisher schon Schulgeldfreiheit genossen haben, und die Schüler der I. und II. Klasse zu berücksichtigen. Eine Bevorzugung des Ortes oder der Provinz, in denen die Anstalt liegt, ist nicht statthaft.

Außer Stipendien- und Schulgelderlaß erhalten würdige und bedürftige Schüler, zur Ermöglichung der Teilnahme an technischen Exkursionen, die von der Schule veranstaltet werden, aus den für diesen Zweck im Etat vorgesehenen Mitteln besondere Beihilfen und zwar, außer dem Fahrgeld, auch Tagegelder bis zum Betrage von 4 M. und im Falle des Übernachtens noch 2 M. extra.[1]

Auch vom Verein zur Beförderung des Gewerbefleißes in Berlin können die Maschinenbauschüler Stipendien erhalten.

Ferner bestehen bei den meisten Stadtverwaltungen Stiftungen, welche hilfsbedürftigen jungen Leuten Unterstützungen gewähren; näheren Aufschluß hierüber geben die Programme der einzelnen Schulen.

Es ist nun durchaus unrichtig, wenn ein junger Mann aus falscher Scham davor zurückschreckt, sich um eine Unterstützung aus einer derartigen Stiftung zu bewerben. Männer, welche von den edelsten Beweggründen geleitet, zu solchen Zwecken Geld stiften, sind glücklich, wenn es mit ihrer Hilfe strebsamen jungen Leuten gelingt, tüchtige Techniker zu werden, welche, durch ihr auf der Schule erworbenes Wissen und Können, einer gesicherten, sorgenfreien Zukunft entgegen gehen. Die Geschichte lehrt uns, daß zahlreiche bedeutende Männer der Wissenschaft und der Technik ihre Ausbildung durch Inanspruchnahme eines derartigen Stipendienfonds ermöglichten, welche Tatsache sie noch als alte Leute oft und gern in dankbarer Erinnerung erwähnten.

Umso verwerflicher ist es aber, wenn junge Leute welche es nicht absolut nötig haben, durch irgend welche unlauteren Mittel sich den Genuß eines Stipendiums verschaffen; denn erstens kommt ihnen ein solches nicht rechtmäßig zu, und zweitens schädigen sie dadurch wirklich Hilfs-

---

[1] Ministerialerlaß III b. 948. vom 8. Mai 1903.

bedürftige. Trotz der strengsten und gewissenhaftesten Prüfung, welcher alle derartigen Unterstützungsgesuche seitens des Kassenverwalters unterzogen werden, können leider Täuschungen in dieser Richtung doch einmal vorkommen.

Ganz falsch ist dagegen das Verfahren mancher Leute, das für den Schulbesuch erforderliche Geld sich irgendwo zu leihen, mit der Bedingung, daß der Vater, oder der Sohn selbst, es später wieder zurück zahlt. Der Vater wird in den meisten Fällen, selbst bei den allergrößten Entbehrungen, kaum dazu imstande sein, und beim Sohne andererseits dürfte es ebenfalls sehr schwer halten, bald nach Beendigung der Schule von seinem Verdienste noch soviel zu erübrigen, daß er nach Bestreitung seines Lebensunterhaltes noch in der Lage ist, jene Schulden zu tilgen. In einem derartigen Falle ist es daher ratsamer, sich um ein Stipendium zu bewerben.

Mitunter kommt es auch ferner vor, daß Fabrikanten einen fleißigen und begabten Angestellten, auf ihre Kosten zur weiteren Ausbildung eine Maschinenbauschule besuchen lassen, ein Entgegenkommen, das nie hoch genug und dankbarlichst anerkannt werden kann, vorausgesetzt, daß damit nicht Bedingungen für die fernere Zukunft verbunden sind, deren Erfüllung dem jungen Manne später hinderlich werden könnte.

Die Schüler, deren Eltern in der Stadt wohnen, in welcher sich die Maschinenbauschule befindet, haben nun vor denjenigen, deren Angehörige auswärts ansässig sind, einen ganz bedeutenden wirtschaftlichen Vorteil, indem die Extraausgaben für Wohnung und Beköstigung fortfallen. Im Durchschnitt betragen diese Ausgaben 50 bis 60 Mark pro Monat.

Die erwähnten Kosten suchen nun die auswärtigen Schüler in verschiedener Weise zu verringern: Wohnen die Eltern in einer vom Schulort nicht allzu weit entfernten Stadt, so fahren die Schüler täglich per Bahn zur Schule und brauchen also außerhalb der elterlichen Behausung nur das Mittagessen zu nehmen. Da die Zeitkarten für Schüler auf der Eisenbahn sehr billig sind, so wird auf diese Weise allerdings eine Ersparnis erzielt werden; man vergesse aber nicht, daß der Schüler täglich wohl oft mehrere Stunden zur Eisenbahnfahrt gebraucht und die verlorene Zeit zur häuslichen Arbeit infolgedessen in den späten Nachtstunden nachholen muß, was erfahrungsmäßig nur sehr kräftige und willensstarke, dabei aber auch gut begabte Schüler mit Erfolg durchsetzen.

Eine andere Art der Verbilligung, welche sich im ganzen gut bewährt, besteht darin, daß zwei Schüler ein Zimmer zusammen nehmen. Allerdings ist es dabei Bedingung, daß beide junge Leute gleich strebsam sind und nicht etwa einer den anderen beim Arbeiten hindert oder gar zum Müßiggang verführt. Mehr wie zwei Schüler sollen im allgemeinen nicht in der gleichen Behausung Quartier nehmen, weil dies gewöhnlich zu allerhand Unzuträglichkeiten führt.

Schließlich sei noch eine Art der Verbilligung des Aufenthalts erwähnt, welche namentlich bei den Schülern der höheren Abteilung beliebt ist: der Schüler erhält Wohnung und Verpflegung gänzlich kostenfrei, oder mit bedeutender Preisermäßigung, gegen die Verpflichtung seinerseits, die Kinder des Hauses bei ihren Schularbeiten zu überwachen, oder seine Kenntnisse in Sprachen und Korrespondenz im Geschäft seines Kostgebers, zu dessen Vorteil, zu verwerten. Hiervon ist entschieden abzuraten; denn die freie Zeit muß der junge Mann lediglich für seine eigenen häuslichen Arbeiten verwenden, und wenn er dies gewissenhaft tut, so kann er sich keinerlei Art von Nebenbeschäftigung mehr widmen.

Bezüglich der Wahl der Wohnung ist zu beachten, daß laut Vorschrift der Schüler verpflichtet ist, bevor er endgültig mietet, erst die Erlaubnis des Direktors einzuholen. Meistens liegen im Sekretariat der Schule Verzeichnisse der Wohnungen auf, deren Mietung ohne weiteres gestattet ist. Auf diese Weise wird vermieden, daß der Schüler in Häuser zieht, in welchen sich Bierwirtschaften befinden, oder etwa in solche Behausungen, welche sich keines guten Rufes erfreuen, in denen Persönlichkeiten wohnen, mit welchen der Schüler jede Berührung zu vermeiden hat.

Wenn auch, wie bereits erwähnt, die Schule in keiner Weise allgemein erzieherisch auf die jungen Leute einwirken kann, so ist es doch erforderlich, alles zu vermeiden, wodurch der Schüler von der fortgesetzten treuen Pflichterfüllung abgehalten werden könnte.

Auch beim Wechsel einer Wohnung, während des Semesters, ist die Erlaubnis des Direktors einzuholen.

Die Wohnung soll in Bezug auf Geräumigkeit, Sauberkeit und guter Beleuchtung allen Ansprüchen genügen, ebenso aber auch hinsichtlich des Essens; denn gute Verpflegung ist die erste Bedingung, um tüchtig arbeiten zu können.

Überall sollte man sparen, nur nicht da, wo es sich um notwendige Ausgaben für den Schulunterricht oder für die Erhaltung der Gesundheit handelt. Wegen der Anschaffungen für die Schule habe ich bereits das notwendigste erwähnt: bezüglich der erforderlichen Lehrbücher kann ich hier keine näheren Angaben machen, da von den verschiedenen Anstalten nicht die gleichen Werke eingeführt sind; jedoch gilt überall derselbe Grundsatz, nämlich nur solche Bücher dem Unterricht zugrunde zu legen, welche, bei hervorragender Zweckmäßigkeit, ohne allzu große Kosten zu beschaffen sind.

Die übrigen Fragen der persönlichen Lebensführung besprechen wir am besten, indem wir dem jungen Manne auf seinem Werdegange durch die Schule folgen.

Wir haben bereits gesehen, daß die oft sehr verschiedene Vorbildung der Schüler zur Folge hat, daß die Anforderungen des Unterrichts, dem einen mehr, dem anderen weniger Schwierigkeiten bereiten werden. Hier empfiehlt es sich, daß der Schüler, welcher eine geeignetere Vorbildung genossen hat, sich seines Kameraden annimmt, welcher in dieser Hinsicht weniger begünstigt ist. Gemeinschaftliches Arbeiten zweier Schüler, außerhalb der Schulzeit, ist unter solchen Umständen sehr zweckmäßig. Der bessere Schüler unterstützt so den schlechteren, welcher seinerseits ihm vielleicht wieder durch größere praktische Erfahrung nützen kann. Empfehlenswert ist es z. B. auch, wenn bei häuslichen Wiederholungen die Schüler sich gegenseitig überhören und abfragen, dies fördert das Verständnis außerordentlich.

Aber auch dieses gegenseitige Helfen hat seine Grenzen. Ganz unzulässig ist es natürlich, wenn z. B. ein Schüler, welchem das Ausziehen von Kurven in der ersten Zeit

Schwierigkeiten bietet, die Hilfe eines gewandten Kameraden in Anspruch nimmt, oder auch, wenn ein junger Mann die freiwilligen häuslichen Aufgaben aus dem Gebiete der Mathematik oder Mechanik, welche er nur dank der Unterstützung eines Mitschülers gelöst hat, dem Lehrer gegenüber als eigene Arbeiten ausgibt. In beiden Fällen wird das Vertrauen des Lehrers aufs gröblichste verletzt, am meisten betrügt der Schüler damit aber sich selbst, indem er die ihm gebotene Gelegenheit außer Acht lassend, sich selbst einbildet, seine Pflicht getan zu haben. Konnte ein Schüler wegen mangelnden Verständnisses seine Hausarbeiten nicht ausführen, so ist er verpflichtet, den Lehrer direkt um Aufklärung zu bitten. Ob und wann Nachhilfestunden erforderlich sind, sollte man ebenfalls mit dem betreffenden Fachlehrer beraten, derselbe wird im Bedarfsfalle dem Schüler eine geeignete Persönlichkeit zur Erteilung des Nachhilfeunterrichts empfehlen.

Wenn dagegen ein junger Mann seine Pflichten so leichtfertig nimmt, wie in den soeben angeführten Beispielen, so hat dieses Unrecht manchmal noch viel schwerere Verfehlungen zur Folge, wie z. B. die Benutzung unerlaubter Hilfsmittel bei Klassenarbeiten. Wer sich soweit vergißt, derartige Täuschungen auszuführen, hat die allerstrengste Bestrafung zu gewärtigen, die übrigens auch denjenigen trifft, welcher solche Unredlichkeiten eines Mitschülers unterstützt. Jeder gewissenhafte junge Mann ist nicht nur verpflichtet, selbst nichts unrechtes zu tun, sondern er soll auch durch ernste Mahnungen auf seine Mitschüler einwirken, sie zum Guten anhalten und sie auch vor unvernünftigen oder ehrlosen Handlungen warnen; daher wird auch ein pflichttreuer Schüler sich nie darauf einlassen, einen Kameraden während einer Klassenarbeit bei Täuschungsversuchen zu unterstützen.

Überhaupt sollten ganz allgemein die älteren Schüler einer jeden Klasse auf die jüngeren ihren beratenden und erziehenden Einfluß geltend machen und ihnen in ihrem Tun und Treiben den rechten Weg zeigen; denn naturgemäß können sich die älteren Schüler viel besser in alle Lebenslagen schicken, wie die jüngeren. Dies gilt nun namentlich von denjenigen Schülern, welche ihrer Militärpflicht genügt haben; sie sind ganz besonders geeignet, in der erwähnten Hinsicht zum Guten zu wirken. Sehr bald werden sie erkennen, daß der Charakter unserer Schulen mit dem Militär eine gewisse Ähnlichkeit hat. Der Militärdienst ist nicht nur dazu geeignet, die Widerstandskraft des Organismus zu erhöhen und damit auch die Entwicklung derjenigen körperlichen Fähigkeiten zu fördern, welche für den zukünftigen Betriebstechniker unentbehrlich sind, sondern vor allen Dingen erfüllt das Militär auch erzieherische Aufgaben, und zwar in einem ganz ähnlichen Sinne, wie die Maschinenbauschulen, indem der junge Mann als Soldat, wie als Schüler, zur gewissenhaftesten Ordnung, treuesten Pflichterfüllung und unbedingtem Gehorsam gegen den Vorgesetzten angehalten wird. Mit anderen Worten, es werden beim Militär, wie an unseren Lehranstalten, auch diejenigen moralischen Eigenschaften gefördert, welche der junge Techniker später in der Praxis besitzen muß, um sich bewähren zu können.

Es ist dies eine Tatsache, welche auch vom Auslande voll Bewunderung gewürdigt wird; in diesem schrieb kürzlich ein Engländer, welcher ein genauer Kenner der deutschen Industrie ist:

„Die großen wirtschaftlichen Erfolge, welche die Deutschen, namentlich in den letzten Jahrzehnten, zu verzeichnen haben, beruhen nicht nur auf der hohen Intelligenz und der guten Ausbildung ihrer Techniker und Ingenieure, sondern es erklärt sich dies vielmehr auch dadurch, daß in den deutschen industriellen Werken jeder Angestellte jene Vorzüge besitzt, welche allen Deutschen eigen sind, militärische Ordnung und Pünktlichkeit, peinliche Gewissenhaftigkeit und Subordination. Dieser militärische Geist ist es, welchem die deutsche Industrie ihr Emporblühen ganz besonders verdankt.“

Jedenfalls ist es sicher, daß diejenigen jungen Leute, welche schon gedient haben, sich ganz besonders rasch in den Geist der Schule finden und ihren jüngeren Kameraden mit gutem Beispiel vorangehen können. Die Erfahrung zeigt, daß Klassen, in denen dies der Fall ist, sich stets durch ihre ganz besonders gute Führung auszeichnen.

Der Ordinarius (Klassenlehrer) ist der direkte Vorgesetzte der Schüler, an welchen sie sich mit allen Anliegen zunächst zu wenden haben, erst dann können sie zum Direktor gehen; der instanzenmäßige Weg ist also, ähnlich wie beim Militär, unter allen Umständen einzuhalten. Glaubt ein Schüler Anlaß zu irgend welchen Klagen oder Beschwerden zu haben, namentlich wenn er meint, daß ihm persönlich unrecht getan worden ist, so hat er, erst nach einer längeren Bedenkzeit, seine Angelegenheit in allerbescheidenster Form vorzutragen.

Persönlich beim Direktor sind auch Bescheinigungen zu erbitten, welche amtlich bestätigen, daß der betreffende junge Mann Maschinenbauschüler ist; solche Bescheinigungen sind z. B. erforderlich zum Zwecke der Zurückstellung vom Militärdienst und von militärischen Übungen, während der beiden Schuljahre, zur Befreiung von der Einkommensteuer und zwecks Erlangung einer Fahrpreisermäßigung auf der Eisenbahn (sogenannte Schülerfahrkarten). Außerdem muß der Schüler beim Direktor persönlich vorsprechen, wenn aus irgend welchen gewichtigen Gründen ein mehrtägiger Urlaub erforderlich ist. Bis zu einem halben Tage erteilt der Ordinarius Urlaub, für einzelne Stunden der Lehrer, welcher zu der betreffenden Zeit in der Klasse Unterricht hat.

Zu den hauptsächlichsten Pflichten des Schülers gehört es, wie wir bereits besprochen haben, in allen Dingen Ordnung zu halten, und zwar nicht nur in bezug auf die eigenen Bücher, Hefte und Zeichenmaterialien, sondern auch hinsichtlich der Klassenräume und des Schuleigentums (Schränke, Tische usw.). Jeder Schüler hat dafür zu sorgen, daß in den Schulräumen die gleiche Ordnung und Sauberkeit herrscht, welche man in der eigenen Behausung ganz selbstverständlich verlangt.

Alles Schuleigentum, mit welchem der Schüler zu tun bekommt, ist mit größter Vorsicht und Schonung zu behandeln, namentlich gilt dies auch für die Übungen in den Laboratorien, wo der Schüler oft mit sehr kostspieligen Apparaten zu arbeiten hat. Bei diesen Übungen soll sich auch noch eine andere wichtige Eigenschaft des Technikers bewähren, die bereits erwähnte Sparsamkeit; der Schüler soll hier, wie überall, bestrebt sein, jeden unnötigen Verbrauch an Gas, Wasser und elektrischem Strom gewissenhaft zu vermeiden.

Für Beschädigungen des Schuleigentums ist jeder Schüler verantwortlich. Falls es nicht direkt festgestellt werden kann, wer den Schaden angerichtet hat, erwarten die Lehrer, daß der Schuldige ehrlich genug ist, sich selbst zu melden. Geschieht dies nicht, so ist die ganze Klasse für den angerichteten Schaden haftbar.

Nach Möglichkeit wird natürlich jeder junge Mann im eigensten Interesse irgend welche Schulversäumnis zu vermeiden bestrebt sein, außer wenn ganz triftige Gründe vorliegen, wie z. B. eine Erkrankung.

Der Gesundheitszustand unserer Schüler ist aber erfreulicherweise im allgemeinen ein recht guter; schwerere Erkrankungen kommen außerordentlich selten vor.

Bei jeder Schulversäumnis, infolge von Erkrankung, muß der Schüler dem Klassenlehrer sofort Mitteilung zukommen lassen; in Zweifelfällen hat der Ordinarius das Recht, ein Entschuldigungsschreiben der Eltern oder auch eine ärztliche Bescheinigung zu verlangen.

Demjenigen, welcher noch keine Gelegenheit hatte, in das Wesen unserer preußischen Maschinenbauschulen näheren Einblick zu erlangen, mögen diese und ähnliche Bestimmungen der Schulordnung, erwachsenen jungen Leuten gegenüber, außerordentlich streng erscheinen. — Wir Lehrer können aber demgegenüber zu unserer großen Freude und Genugtuung feststellen, daß jene Bestimmungen sich ausgezeichnet bewähren, indem sie, vorbeugend wirkend, die Schüler vor Ausschreitungen zurückhalten, welche ihrem Werdegang nachteilig werden könnten.

An unseren sämtlichen Anstalten herrscht unter den Schülern ganz allgemein ein vorzüglicher und gesunder Geist, und ihre persönliche Haltung und moralische Lebensführung ist in jeder Hinsicht dem Ernst der Aufgabe entsprechend, die sie sich gestellt haben.

Sollten aber einmal, was bisher freilich außerordentlich selten der Fall war, Ausnahmen vorkommen, so wird gegen die betreffenden jungen Leute mit den strengsten Disziplinarmaßregeln vorgegangen werden.

Was ich nun im folgenden hier zunächst anführe, geschieht daher hauptsächlich im Interesse und zur Belehrung der neu eintretenden Schüler.

Zunächst muß ich darauf hinweisen, daß die Maschinenbauschulen, im Gegensatz zu den technischen Privatlehranstalten, ihren Schülern keinerlei studentische Freiheiten gewähren.

Wir haben also an unseren Maschinenbauschulen keine Studierenden, sondern Schüler. Die Lehrer (nicht etwa Dozenten) halten keine Vorlesungen oder Kollegien, sondern sie erteilen Unterricht, und studentische Verbindungen und alles, was damit zusammenhängt, werden an unseren Schulen unter keinen Umständen geduldet. Die Gründe dafür sind leicht einzusehen.

Die akademische Freiheit, welche dem Studierenden der Hochschule gewährt wird, besteht bekanntlich im wesentlichen darin, daß es seinem eigensten Ermessen überlassen bleibt, wie er sich die erforderlichen, sowie die ihn besonders fesselnden Wissensgebiete aneignen, welche Vorlesungen und Übungen er besuchen, und welchen er fernbleiben will. Mit anderen Worten gesagt, er kann, natürlich nur innerhalb gewisser Grenzen, seine Ausbildung ganz seiner Eigenart entsprechend sich selbst regeln. Es ist dies aber ein Vorrecht, welches nur einem jungen Mann mit abgeschlossener höherer Schulbildung (Abiturientenexamen) mit Erfolg gewährt werden kann.

Für den Maschinenbauschüler treffen also diese erforderlichen Voraussetzungen für die Gewährung akademischer Freiheiten nicht zu, und außerdem kann nur ein junger Mann, welcher lediglich seiner Ausbildung sich widmet und ganz genau dem vorgeschriebenen Lehrplan entsprechend vorwärts strebt, in dem kurzen Zeitraum von zwei Jahren, auf unseren Lehranstalten zum tüchtigen Maschinenbauer herangebildet werden.

Aus den gleichen Gründen können wir auch an den Maschinenbauschulen keine studentischen Verbindungen erlauben. Bemerkenswert ist es dabei, daß selbst an den technischen Hochschulen, die Erkenntnis sich immer mehr Bahn bricht, daß das praktische Leben unseres Jahrhunderts so außerordentlich hohe Ansprüche an die Leistungsfähigkeit des einzelnen stellt, daß der Studierende seine Zeit mit wichtigeren Dingen auszufüllen hat, wie Kommersieren und Fechten, daher suchen die Hochschüler jetzt mehr und mehr ihre Erholung und geistige Anregung in einem wissenschaftlichen akademischen Vereine und nicht in einer schlagenden Verbindung. Das Bewußtsein für den Ernst des Ingenieurberufs fühlt eben jeder gewissenhafte Studierende der technischen Hochschule schon frühzeitig, und er wird es daher auch zu seinem eigensten Besten einsehen, daß er seine Pflicht noch lange nicht voll und ganz erfüllt, wenn er sich diejenigen Kenntnisse angeeignet hat, die in den verschiedenen akademischen Prüfungen (Diplom-Examen usw.) verlangt werden, sondern nur dann, wenn er während seines ganzen Studiums bestrebt ist, sich mit Eifer in alle wichtigen Forschungsarbeiten seines Faches zu vertiefen. Nur auf diese Weise werden die jungen Leute über eine möglichst gründliche und vielseitige technische Ausbildung verfügen und in der Industrie entscheidet eben nicht nur das Wissen, sondern vor allem auch das Können. Diese Tatsache geht auch sehr zutreffend aus dem Ausspruche eines der bedeutendsten Ingenieure der Jetztzeit hervor. Er äußerte sich ungefähr wie folgt: „Ein Jurist kann manchen Fehlspruch tun, ein Mediziner kann manchen Patienten zu Tode kurieren, ohne daß der begangene Fehler je offenbar wird, sodaß beide sich trotzdem andauernd der höchsten Anerkennung erfreuen können. Einen vom Ingenieur begangenen Fehler dagegen, rügt und straft sofort die Natur selbst mit unerbittlicher Konsequenz: die zu schwach konstruierte Brücke bricht bei der ersten zu großen Beanspruchung zusammen, und eine falsch berechnete und gebaute Maschine versagt einfach den Dienst, und bei Versuchen, sie gewaltsam zur Arbeit zu zwingen, empört sie sich wohl auch gegen den Menschen und richtet dann leicht noch schwereres Unheil an.“

Diese angeführten Gesichtspunkte dürften genügen, um die Gründe darzutun, warum wir an unseren Schulen keine studentischen Verbindungen dulden können.

Andererseits hat man, von der Voraussetzung ausgehend, daß der erzieherische Einfluß der älteren Schüler auf die jüngeren, auch außerhalb der Schule, von Nutzen sein kann, an der Mehrzahl der Maschinenbauschulen Schülervereine gestattet, welche teils turnerische, teils gesangliche oder auch wissenschaftliche Zwecke verfolgen.

Ganz besonders können die Turnvereine von großer Bedeutung sein, wenn sie den Schülern Gelegenheit zu körperlichen Übungen bieten, welche, bei der größtenteils sitzenden Lebensweise der jungen Leute, zur Förderung und Erhaltung der Gesundheit ebenso wesentlich beitragen können, wie weite Spaziergänge in frischer Luft. Erwähnt sei noch, daß in Breslau den Schülern auch die Möglichkeit geboten wird, ihre turnerischen Fertigkeiten praktisch betätigen zu können, indem ihnen gestattet ist, an Feuerwehrübungen teilzunehmen. Das Verständnis für das Feuerlöschwesen kann durch ein umsichtiges und vernünftiges Vorgehen, bei der Bekämpfung von Brandgefahren, für die in der Praxis tätigen Techniker oft von ebenso großer Bedeutung sein, wie die Erfahrung im Samariterdienst.

Die Schüler der untersten Klasse sollten aber noch keinem Verein beitreten; denn nach den Jahren der praktischen Tätigkeit muß sich der junge Mann in den Geist der Schule und ihre Ansprüche erst hineingewöhnen. Schwach begabten Schülern ist es überhaupt abzuraten, einem Vereine beizutreten.

Es sei aber nochmals ausdrücklich bemerkt, daß die Schülervereine nur dann ihren eigentlichen Zweck voll und ganz erfüllen, wenn in den Versammlungen der Geist treuer Kameradschaft, bei froher, ungezwungener Geselligkeit gepflegt wird. Wenn dagegen die Vereine in vollständiger Verkennung ihrer Aufgaben, studentische Sitten und Gebräuche nachahmen sollten, so würde der Direktor bald Gelegenheit nehmen, den betreffenden Verein aufzuheben, beziehungsweise die Teilnahme an demselben zu verbieten.

Nichts erscheint wohl weniger zeitgemäß als der Trinkzwang; denn wo Zwang herrscht, kann doch niemals eine wirkliche Gemütlichkeit aufkommen; noch schlimmer wäre es freilich, wenn Schüler ihre Selbstbeherrschung am Biertisch soweit verlieren sollten, daß sie nachher durch Verursachung nächtlicher Ruhestörung mit der Polizei zu tun bekommen. Derartige junge Leute können wir in unseren Schulen unter keinen Umständen gebrauchen, sie würden auch bald, durch die Folgen des starken Trinkens, von ihrer geistigen Widerstandskraft so sehr eingebüßt haben, daß sie nicht mehr imstande wären, den Anforderungen des Unterrichts gerecht zu werden.

Vom Fürsten Bismarck stammt bekanntlich der Ausspruch „Das Bier macht dumm", wir könnten dem noch hinzufügen „das Bier macht träge". Man darf da nicht den Maßstab anlegen, wie einem geistige Getränke während der praktischen Arbeitszeit bekommen sind; mancher junge Mann wird, während der Beschäftigung in der Werkstätte, zur Erfrischung im Sommer wohl ziemlich reichliche Mengen Bier getrunken haben, ohne irgendwie davon belästigt zu werden. Der menschliche Organismus verarbeitet eben, während der Zeit der schweren körperlichen Beschäftigung, die geistigen Getränke viel besser, als in den beiden Schuljahren, wo man täglich 8 Stunden lang ruhig sitzt und hauptsächlich geistig arbeitet.

Für den Techniker ist aber das übermäßige Trinken nicht nur aus gesundheitlichen Gründen vom Übel, sondern es kommen für ihn noch andere sehr wohl zu beachtende Gesichtspunkte in Betracht.

Man bedenke zunächst, in welche großen Gefahren der Techniker sich und seine Mitmenschen in komplizierten maschinellen Betrieben bringen kann, wenn die Folgen des starken Alkoholgenusses seine Geistesgegenwart vermindert haben, ferner welches Vorbild bietet er den ihm unterstellten Arbeitern?

Der Arbeiter soll von seinem Vorgesetzten in der wohlwollendsten Weise über die bösen Folgen der Trunksucht belehrt und darüber aufgeklärt werden, daß man nicht den seelischen Schmerz durch Alkohol betäuben kann, und daß es geradezu verwerflich ist, der Freude durch Trinken bis zur Bewußtlosigkeit Ausdruck zu verleihen.

Es ist daher eine ganz falsche Lebensauffassung, wenn der Techniker der Meinung ist, damit im Fabrikbetriebe seine Pflicht getan zu haben, wenn er seine Untergebenen zur Arbeit anleitet und anhält. Mindestens ebenso wichtig ist es vielmehr, daß er auch erzieherisch auf die Arbeiter einwirkt und sie nicht nur an Ordnung und Pünktlichkeit gewöhnt, sondern sie auch durch eigene musterhafte Lebensführung dazu anspornt, seinem Beispiele zu folgen.

Für diese ernsten und verantwortungsvollen Aufgaben soll sich der Techniker schon während des Besuches der Maschinenbauschule in würdiger Weise vorbereiten, durch einen soliden und in jeder Hinsicht einwandsfreien Lebenswandel.

Es gibt nun noch zahlreiche Fragen bezüglich der Lebensführung des Maschinenbauschülers, die von allgemeinem Interesse sind, auf welche hier näher einzugehen jedoch etwas zu weit führen würde; nur auf etwas möchte ich noch hinweisen, was mir von besonderer Wichtigkeit erscheint: die jungen Leute sollen über politische Meinungen nicht streiten; denn ein klares Urteil über diese Dinge kann man lediglich durch langjährige Betätigung im Erwerbsleben erlangen, und nicht während der Ausbildungszeit.

Dies schließt natürlich andererseits nicht aus, daß sich der junge Mann schon während seiner Ausbildung für Politik interessiert. So ist es z. B. empfehlenswert, daß er in seinen Mußestunden geeignete Bücher liest, um sich mit der neuesten vaterländischen Geschichte vertraut zu machen. Namentlich soll er auch mit den Grundzügen unserer Gesetzgebung auf dem Gebiete der Wirtschaftspolitik und der Arbeiterfürsorge bekannt werden, welche vom Fürsten Bismarck eingeleitet, unter der glorreichen Regierung Sr. Majestät des Kaisers und Königs Wilhelm II. zum Segen für das Deutsche Reich durchgeführt, und auch vorbildlich geworden ist für alle modernen Industriestaaten unserer Erde.

Auch das Lesen guter politischer Tageszeitungen, von patriotischer Gesinnung, kann dem Schüler empfohlen werden. Der Grundzug des Charakters der deutschen Jugend ist die Liebe zu König und Vaterland, die Treue zu Kaiser und Reich. Unsere Maschinenbauschüler wissen aber auch, welche großen Summen der Staat alljährlich dafür opfert, um dem angehenden Techniker die Erlangung einer gründlichen Fachausbildung zu ermöglichen; ebenso ist es den Schülern ferner bekannt, wie die Regierung fortgesetzt bemüht ist, im Erwerbsleben hilfreich einzugreifen, dem wirtschaftlich Schwächeren das Vorwärtskommen zu erleichtern und unsere heimische Industrie, sowie auch den Handel, durch ständige Sicherung und Förderung des Friedens zu schützen. Aus allen diesen Gründen wird daher der Techniker, wie der Ingenieur, in Zukunft hochwichtige Aufgaben zu lösen haben, welche ohne ihn kaum durchführbar sein würden. Sein erzieherischer Einfluß auf die ihm unterstellten Arbeiter soll sich nicht nur auf deren persönliche Lebensführung beschränken, vielmehr soll der Vorgesetzte auch noch in anderer Hinsicht veredelnd auf seine Untergebenen einwirken und sie durch wohlwollende Belehrungen jenen verderblichen politischen Einflüssen entziehen, durch welche die Arbeiter, leider allzu häufig ergriffen, ihre Schaffensfreude und Zufriedenheit zu ihrem eigensten Schaden einbüßen.

Wenn der Techniker hier hilfreich eingreift und in möglichst klaren, einfachen und freundlichen Worten, die ihm unterstellten Leute aufklärt und belehrt, so erfüllt er damit auch eine der vornehmsten Pflichten gegen unser Vaterland, indem er dazu beiträgt, dessen inneren Frieden zu fördern und zu sichern; er erwirbt sich dann damit große patriotische Verdienste, welche man ihm allezeit hoch anrechnen wird.

VII. Die Reifeprüfungen. Nach der Schulzeit.

Den Abschluß des Unterrichts für beide Abteilungen der Kgl. preußischen Maschinenbauschulen bilden die Reife-prüfungen, welche an den meisten Anstalten jedes Semester abgehalten werden, und zwar zu dem Zwecke, um dem Schüler Gelegenheit zu geben, zu zeigen, in welchem Umfange er sich die erforderlichen Kenntnisse während der Schulzeit erworben hat. Er soll sich über sein gesamtes technisches Wissen und Können dabei ausweisen, eine Aufgabe, welche für denjenigen, welcher stets gewissenhaft gearbeitet hat, nichts allzu schwieriges bietet, und an die er mit Freuden gehen wird.

Jedes Examenfach wird an unseren Schulen von demjenigen Lehrer geprüft, welcher es unterrichtet hat, und es werden daher auch nur solche Fragen im Examen vorkommen, die mit dem Pensum des vorangegangenen Unterrichts in direktem Zusammenhang stehen.

Aus diesen Gründen braucht der Prüfling, welcher stets fleißig gearbeitet hat, sich vor dem Examen nicht zu fürchten, und wir können zu unserer Freude feststellen, daß die überwiegende Mehrzahl unserer Schüler so strebsam ist, daß die meisten die Prüfung mit gutem Erfolg bestehen.

Die Kgl. Prüfungskommission für die Reifeprüfungen ist wie folgt zusammengesetzt:

Den Vorsitz führt als Vertreter der Staatsbehörde der Regierungs- und Gewerbeschulrat, in dessen Verwaltungsbezirk die betreffende Schule liegt, ferner gehören zur Prüfungskommission: ein Mitglied des Kuratoriums der Schule, dann ein Vertreter der Maschinenindustrie, sowie der Direktor der

Schule und alle Lehrer, welche in den Prüfungsfächern unterrichtet haben.

Vier Wochen vor Beginn des Examens müssen die
Schüler, durch die Hand ihres Ordinarius und des Direktors,
an die Prüfungskommission ein Gesuch um Zulassung zum
Examen einreichen. Diesem Gesuch ist ein kurzer Lebenslauf beizufügen, außerdem muß die Prüfungsgebühr von 10 M.
an die Schulkasse entrichtet werden.

Die amtlichen Bestimmungen über die Reiseprüfungen
sind im Anhang beigefügt; hervorheben möchte ich nur noch,
daß die Prüfungen in beiden Abteilungen in einen schriftlichen und einen mündlichen Teil zerfallen. Die schriftliche
Prüfung dauert bei der höheren Abteilung 9 Tage, bei der
niederen 6 Tage.[1])

Es ist natürlich, daß alle jene Eigenschaften, welche wir
für den Maschinenbauschüler während der ganzen Schulzeit
als erforderlich bezeichnet haben, sich in ganz besonders
hohem Maße während der Prüfungstage bewähren müssen.

Vor allem sollen die bei der schriftlichen Prüfung erforderlichen Schreib- und Zeichenmaterialien reichlich und in
tadellosem Zustand vorhanden sein. Die schriftlichen Arbeiten
werden erst auf Konzeptpapier ausgeführt, dann eine Reinschrift
angefertigt; bei der Ablieferung muß auch der Entwurf der
Arbeit mit abgegeben werden, sonst ist die Arbeit ungültig.

Es ist nun aber nicht nur erforderlich, daß die Arbeiten
richtig gelöst werden, vielmehr soll auch die Ausdrucksweise
des Schülers eine kurze, aber bestimmte sein; namentlich bei
den rechnerischen Entwicklungen ist eine recht übersichtliche
Darstellung erwünscht und bei allen Arbeiten recht deut-
liche Schrift. Auch bei den zeichnerischen Aufgaben sind
alle wichtigen Einzelheiten möglichst klar und einfach dar-
zustellen, alles nebensächliche kann vielfach fortgelassen
werden.

Der Umfang der Aufgaben ist so gewählt, daß die Prüflinge, innerhalb der vorgeschriebenen Stundenzahl, reichlich

---

[1]) Näheres hierüber vgl. die ministeriellen Bestimmungen im
Anhang.

fertig werden und noch genug Zeit übrig behalten, um die Arbeiten wiederholt durchlesen zu können. Dies geschieht jedoch mitunter nicht genügend gewissenhaft, und die Folge davon ist, daß durch diese Flüchtigkeit oft selbst die gröbsten orthographischen Fehler, oder auch Irrtümer, beim Übertragen in die Reinschrift stehen bleiben, sodaß man manchmal versucht ist zu glauben, daß der Prüfling mit dem Gebrauch der deutschen Muttersprache nicht genügend vertraut ist. Ebenso kommen in den Zeichnungen oft Verstöße gegen die einfachsten Regeln für die Darstellung von Maschinenteilen vor, Fehler, welche gewöhnlich nur durch Unachtsamkeit entstanden sind und bei der zu eiligen nochmaligen Durchsicht der Arbeit nicht bemerkt wurden.

Vor und während der schriftlichen Prüfung sollten die Schüler ganz besonders nur ihrer Pflicht und ihrer Gesundheit leben; Wirtshausbesuch und Geselligkeit in den Vereinen ist daher möglichst zu vermeiden. Auch ist es nicht empfehlenswert, während der Tage der schriftlichen Prüfung, bis in die tiefe Nacht hinein zu Hause zu arbeiten; wer während der ganzen Schulzeit fleißig war, für den genügen einige Stunden dazu. Da die Nachmittage, während der schriftlichen Prüfung, zum Teil frei sind, so ist es zweckmäßig, sich nach dem Essen durch einen Spaziergang zu erfrischen und dann dasjenige Unterrichtsfach durchzuarbeiten, welches am nächsten Tage an die Reihe kommt. Diese Wiederholung darf sich aber nicht zu lange ausdehnen, sonst ist man am nächsten Morgen ermüdet und verfügt sicherlich nicht über die erforderliche geistige Leistungsfähigkeit.

Nach Beendigung der schriftlichen Prüfungen, treten beim Unterricht natürlich die Wiederholungen für das mündliche Examen in den Vordergrund. Es zeigt sich nun aber mitunter, daß nach der schriftlichen Prüfung gerade viele bessere Schüler an Eifer ganz bedeutend nachlassen, weil sie glauben, annehmen zu dürfen, daß ihre schriftlichen Arbeiten so gut ausgefallen sind, daß sie von dem mündlichen Examen befreit werden.

Es ist jedoch vollkommen ausgeschlossen, daß ein Schüler den Wert seiner Arbeiten in dieser Hinsicht jemals wirklich richtig beurteilen kann, und kommt dann ein junger Mann, welcher seine Leistungen in der schriftlichen Prüfung zu hoch eingeschätzt und infolgedessen nicht gewissenhaft weiter gearbeitet hat, doch in das mündliche Examen, so hat er meistens die größten Schwierigkeiten, welche noch dadurch erhöht werden, daß ihm die erfahrene Enttäuschung auch eine begreifliche Aufregung verursacht. Auf diese Weise kann es vorkommen, daß ein verhältnismäßig guter Schüler nur mit Mühe und Not das Examen besteht.

Die mündliche Prüfung nimmt für jede Klasse gewöhnlich einen Tag in Anspruch und zwar für jedes Unterrichtsfach pro Schüler 5—10, höchstens 15 Minuten. Es treten meistens mehrere Schüler auf einmal im Prüfungszimmer an und werden nacheinander examiniert. Die noch nicht geprüften Schüler müssen auf jede Frage, welche gestellt wird, genau aufpassen, weil, falls der Prüfling, welcher an der Reihe ist, nicht antworten kann, auch manchmal die übrigen Schüler eine Zwischenfrage erhalten.

Nach Schluß des mündlichen Examens tritt die Prüfungskommission zur Beratung zusammen und nach deren Beendigung wird das Ergebnis der Prüfung den jungen Leuten mitgeteilt, der Vorsitzende verliest die Namen der Schüler, die das Examen bestanden haben und welche „Gesamtnote" ihnen zuerkannt worden ist.

Ein bedeutsamer Wendepunkt im Leben des angehenden Technikers ist jener Augenblick, in welchem über seine Arbeit, während der zweijährigen Schulzeit, dieses hochwichtigen Teiles seines Werdeganges, das endgültige Urteil gesprochen wird, und damit ist der junge Mann von unserer Anstalt entlassen, er tritt nun in die ernste Schule des Lebens, um im praktischen Beruf das bei uns gelernte nutzbringend zu verwerten.

So kommen wir denn nunmehr zu der Frage, was die jungen Leute nach bestandener Reifeprüfung zunächst am zweckmäßigsten unternehmen.

Für diejenigen, die ihrer Militärpflicht noch nicht genügt haben, empfiehlt es sich, zuerst zu dienen, die übrigen gehen meistens direkt wieder in die Praxis. Bei den Schülern der höhern Abteilung ist es jetzt allerdings seit einigen Jahren üblich, nach bestandener Reifeprüfung nochmals einige Semester auf eine Technische Hochschule zu gehen.

Auf den preußischen Hochschulen werden die jungen Leute nur als Hospitanten zugelassen, einige süddeutsche Hochschulen nehmen sie, falls sie die Reife für Obersekunda haben, als Studierende auf, aber ohne Berechtigung zur Diplomprüfung und zum Staatsexamen.

Sofern der Besuch der Hochschule nur den Zweck hat, einige beliebige Vorlesungen zu belegen, in Hauptsache aber, um erst noch einige Semester die „akademische Freiheit" zu genießen und sich dann später als „Techniker mit Hochschulbildung" um Stellen bewerben zu können, so ist dies lediglich eine Zeitverschwendung; denn in der Praxis entscheidet nur das positive Leistungsvermögen, und die bloße Tatsache des vorangegangenen Hochschulbesuchs bietet keinerlei Vorteil. Wesentlich anders liegt aber die Sache, wenn der junge Mann nach bestandener Reifeprüfung zu dem Zweck auf eine Hochschule geht, um zunächst einige allgemeine bildende technische Vorlesungen zu besuchen, und sich dann in einem Spezialfach weiter auszubilden, wie z. B. im Bau von Dampfmaschinen, Dampfkesseln, Hebemaschinen oder Gasmotoren, oder in der Elektrotechnik. In diesem Falle wird der Besuch der Hochschule sicher gute Früchte tragen, und der junge Mann, welcher auf diese Weise seine Fachbildung vervollkommnet hat, wird aller Voraussicht nach in der Praxis eine gut bezahlte Lebensstellung finden.

Es sei hier aber nochmals ausdrücklich hervorgehoben, daß der Besuch einer Technischen Hochschule nach bestandener Reifeprüfung absolut nicht erforderlich ist, um einen geeigneten Wirkungskreis in der Industrie zu finden; nichts liegt den preußischen Maschinenbauschulen wohl ferner, als wie Vorbereitungsanstalten für die Hochschulen zu sein.

Wer von der Maschinenbauschule direkt in die Praxis gehen will, tut gut daran, mit seinem Ordinarius und dem Direktor Rücksprache zu nehmen. An die Schulen kommen so häufig Anfragen nach jungen Technikern, daß oftmals eine große Zahl unserer Schüler direkt unterkommen kann; die übrigen finden durch Offertschreiben auf Anzeigen in den Fachzeitschriften oder durch persönliche Beziehungen, aus der Zeit der praktischen Tätigkeit, gewöhnlich ebenfalls bald eine passende Stellung. Wie erwähnt, gehen die Schüler der ersten Abteilung vielfach in das Konstruktionsbureau, diejenigen der zweiten Abteilung dagegen vorwiegend in den Betrieb.

Die Anfangsgehälter, welche unsere Schüler bekommen, ermöglichen ihnen, bei bescheidenen Lebensansprüchen, schon meistens wirtschaftliche Selbständigkeit; wie sich aber die materielle Lage des jungen Mannes in der weiteren Zukunft gestaltet und bessert, das hängt lediglich von seiner persönlichen Tüchtigkeit ab, von seinen Charaktereigenschaften und seiner Pflichttreue.

Um da noch ein sehr treffendes Wort des Fürsten Bismarck zu gebrauchen, so können wir Lehrer in Bezug auf den Maschinenbauschüler auch sagen: „Wir können ihm wohl in den Sattel helfen, aber reiten können muß er allein", das heißt auf unsere Schulen angewendet, wir können dem jungen Manne wohl die theoretischen und praktischen Grundlagen geben, in den technischen Betrieb muß er sich aber später allein finden. Wenn er nach bestandener Reifeprüfung in die Fabrik zurückkehrt, so wird er dort nun alles mit ganz anderen Augen ansehen, weil jetzt Theorie und Praxis richtig in einander greifen können. Es ist daher auch gut, wenn der junge Mann bestrebt ist, nach der Schulzeit zunächst möglichst viele verschiedene Betriebe kennen zu lernen, sofern dies sein Einkommen nicht allzu sehr schmälert; was er aber hierdurch in der ersten Zeit materiell einbüßt, wird er später mit Zinseszins zurückerhalten, denn dem Techniker, welcher eine recht vielseitige, praktische Erfahrung hat, stehen die best bezahlten Stellungen offen.

Es sind sogar Fälle bekannt, wo ganz besonders tüchtige junge Leute, schon wenige Jahre nach dem Besuch einer preußischen Maschinenbauschule, es durch Fleiß und Umsicht zu ganz hervorragenden Posten gebracht haben, mit Gehältern von 6000 Mark und darüber; einige wenige haben schon nach

10jähriger Tätigkeit in der Praxis ein Gehalt von über 10 000 Mark erreicht.

Wenn diese angeführten Beispiele auch natürlich bei weitem nicht die Norm bilden, so zeigen sie doch, daß es auf Grund der durch den Besuch unserer Maschinenbauschulen erworbenen Kenntnisse möglich ist, durch treue Pflichterfüllung es mit der Zeit zu sehr erfreulichen materiellen Erfolgen bringen zu können.

Vielfach haben sich auch schon Schüler der zweiten Abteilung nach einigen weiteren Jahren praktischer Tätigkeit als Maschinenschlosser selbständig gemacht. Unter den bescheidensten Verhältnissen anfangend, haben sie sich durch Fleiß und Tüchtigkeit emporgearbeitet, sodaß sie sich heute in einer sehr günstigen wirtschaftlichen Lage befinden.

Ganz besonders begabte und fleißige junge Leute, welche unsere Schulen mit gutem Erfolg durchgemacht haben, können auch in der Beamtenlaufbahn eine geeignete Zukunft finden.

Wer an der höheren Maschinenbauschule die Reifeprüfung bestanden hat und im Besitze des Einjährig-Freiwilligen-Zeugnisses ist, kann, sofern er das 26. Lebensjahr nicht überschritten hat, laut Erlaß des Herrn Staatssekretärs des Reichsmarine-Amtes, B. 7824 I vom 10. November 1904, zum technischen Sekretariatsdienst im Maschinenbaufach bei der Kaiserlichen Marine zugelassen werden; Bedingung ist dabei, daß der Betreffende mindestens zwei Jahre lang in den Werkstätten und ein Jahr im technischen Bureau der Kaiserlichen Werften gearbeitet hat; statt bei den Kaiserlichen Werften kann der junge Mann auch in der Werkstätte und im Bureau eines der nachfolgend angeführten von der Marinebehörde anerkannten Privatwerke tätig sein:

1. Stettiner Maschinenbau A.-G. „Vulkan" in Stettin-Bredow;
2. Friedr. Krupp A.-G. „Germaniawerft" in Kiel-Gaarden;
3. A.-G. „Weser" in Bremen;
4. F. Schichau in Elbing;
5. Blohm & Voß, Kommanditgesellschaft auf Aktien in Hamburg;
6. Howaldtswerke in Dietrichsdorf bei Kiel.

Jedoch müssen von den vorgeschriebenen 24 Monaten, mindestens 3 Monate, auf einer Kaiserlichen Werft abgeleistet werden.

Die Aufnahme erfolgt zunächst als technischer Sekretariatsaspirant, alsdann hat der junge Mann eine dreijährige praktische Ausbildungszeit durchzumachen, während welcher er eine Remuneration von 1500—1800 Mark erhält.

Nach Beendigung der Ausbildungszeit erfolgt die erste Fachprüfung, durch deren Bestehen die Beförderung zum technischen Sekretär erreicht wird.

Nach weiteren 5 Jahren kann die zweite Fachprüfung abgelegt, und damit der Rang eines Konstruktionssekretärs erworben werden. Den Abschluß der Laufbahn bildet, bei besonders guten dienstlichen Leistungen, die Ernennung zum Geheimen Konstruktionssekretär.

Auch sind die Ämter der Werkstättenvorsteher und Maschineningenieure bei der Kaiserl. Marine erreichbar, bei hervorragend praktischer Befähigung, bis zur Stellung als Chefingenieur mit Oberstleutnantrang.

Ferner können die Absolventen der höheren Maschinenbauschule, soweit sie im Besitz des Einjährig-Freiwilligen-Zeugnisses sind, bei der Kgl. preußischen Staatseisenbahnverwaltung zur Laufbahn als maschinentechnische Eisenbahnsekretäre oder als Eisenbahnbetriebsingenieure zugelassen werden. Die praktische Tätigkeit vor dem Schulbesuch soll in diesem Falle vorzugsweise in einer Eisenbahnwerkstätte erfolgen. Nach bestandener Reifeprüfung ist dann für den Eisenbahnsekretär ein 3jähriger Vorbereitungsdienst vorgeschrieben, und zwar 18 Monate in einer Eisenbahnwerkstätte und die übrige Zeit in den Büreaus der Werkstätten- und Maschinen-Inspektionen, sowie bei der Eisenbahndirektion selbst.

Für den Betriebsingenieur-Aspiranten kommt noch ein weiteres Jahr hinzu, zwecks Ausbildung im Lokomotivfahrdienst und Ablegung der Lokomotivführerprüfung.

Nach Beendigung des 3- bezw. 4jährigen Vorbereitungsdienstes, ist die Fachprüfung abzulegen und dann erfolgt die Anstellung als maschinentechnischer Eisenbahnsekretär bezw als Eisenbahnbetriebsingenieur. Bei der Fachprüfung werden die Kandidaten von dem nochmaligen Nachweis derjenigen theoretischen Kenntnisse entbunden, deren Besitz durch die Reifeprüfung an der höheren Maschinenbauschule bereits festgestellt ist.

Die Absolventen der niederen Maschinenbauschule werden bei der Eisenbahnverwaltung zum Werkmeisterdienst zugelassen.

Von der zur Annahme für den Werkmeisterdienst erforderlichen Vorprüfung entbindet das Reifezeugnis der niederen Maschinenbauschule vollständig.

Zur Zulassung zur Werkmeisterprüfung muß der Aspirant folgende Vorbedingungen erfüllen:

1. Nachweis der 6 monatlichen Tätigkeit als Lokomotivheizer und der 15 monatlichen Tätigkeit als Lokomotivführer;
2. Nachweis der bestandenen Lokomotivheizer- und -Führerprüfung;
3. Nachweis der 1- bis 2 jährigen Tätigkeit als Vorarbeiter einer Lokomotivwerkstätte.

Bei der Werkmeisterprüfung entbindet das Reifezeugnis der Maschinenbauschule vom Nachweis der Kenntnisse im Rechnen, Mathematik und Maschinenzeichnen.[1])

Durch Erlaß des Herrn Ministers für Handel und Gewerbe vom 2. April 1904 $\frac{\text{IIIb } 223}{\text{IIa } 1730}$ berechtigt das Reifezeugnis der niederen Maschinenbauschule auch zur Ablegung der Eichmeisterprüfung.

---

[1]) Vergl. Prüfungsordnung für mittlere und untere Staatseisenbahnbeamte vom 1. Januar 1900 und Nachträge.

VIII. Schlußwort.

Eine Zeit ungestörten Friedens ist unserem Vaterlande seit den ruhmreichen Tagen der Wiederaufrichtung des Deutschen Reiches zu teil geworden, aber nichts destoweniger stehen wir in einem ununterbrochenen Kampfe auf wirtschaftlichem Gebiete, den wir gegen alle rivalisierenden Großstaaten zu führen haben, vor allem gegen die auf industriellem Gebiete hochbedeutend entwickelten Vereinigten Staaten von Nordamerika und nicht minder gegen das große britische Kolonialreich.

Schon seit langer Zeit behauptet die deutsche Industrie eine hochangesehene und Achtung gebietende Stellung in diesem großen Ringen, dank dem praktischen Blick und der vielseitigen Fachbildung der Ingenieure und Techniker, die zur Lösung dieser hochwichtigen Aufgaben durch die Ausbildung befähigt sind, welche sie auf unseren heimatlichen technischen Hochschulen und Mittelschulen empfangen haben.

Gerade diese letztere Art von Lehranstalten hat sich in den vergangenen Jahrzehnten zu ganz besonders hoher Bedeutung entwickelt. Aber dieses außerordentlich rasche Aufblühen unseres gewerblichen Schulwesens hat, wie bereits früher erwähnt, zur Folge, daß man bisher in weiten Kreisen unseres Vaterlandes noch keine vollkommen richtige Vorstellung von der Bedeutung der Kgl. preußischen Maschinenbauschulen gehabt hat.

Deswegen richten sich meine Worte zunächst an diejenigen Eltern, deren Söhne sich dem Maschinenbaufach zu widmen beabsichtigen, ich wollte ihnen vorführen, welche Ziele und Zwecke unsere Maschinenbauschulen verfolgen.

Aber auch an die jungen Leute selbst mußte ich mich wenden, um ihnen zu zeigen, wie sie sich auf unseren Lehranstalten die Fachkenntnisse am besten aneignen, was ihnen einerseits förderlich, und was ihrem Streben andererseits nachteilig werden kann.

Endlich bitte ich die in der Praxis stehenden Ingenieure und die Fabrikanten, meinen kurzen Ausführungen entnehmen zu wollen, was unsere Maschinenbauschulen bieten, in welcher Weise sie bestrebt sind, tüchtige Hilfskräfte für die Industrie heranzubilden.

Aber „Stillstand bedeutet Rückschritt". Deswegen werden unsere Schulen auch in Zukunft fortgesetzt bemüht sein, ihren Unterricht, nach Möglichkeit, dem jeweiligen Stande der Praxis immer aufs neue anzupassen, und mit der Technik stets Hand in Hand zu gehen.

Auf diese Weise sind die Kgl. preußischen Maschinenbauschulen nicht nur dazu berufen, die wirtschaftliche Wohlfahrt des deutschen Technikerstandes in weitestgehender Weise zu fördern, sondern sie werden auch allezeit dazu beitragen das hohe Ansehen, welches unsere heimatliche Industrie in der ganzen Welt genießt, dauernd zu erhalten und zu festigen.

IX. Anhang.

Auszug aus der Beilage zum Erlaß des Herrn Ministers für Handel und Gewerbe III b 8874 vom 19. November 1901.

Organisation

der

der Handels- und Gewerbeverwaltung unterstehenden Schulen zur Ausbildung von mittleren und niederen Beamten und Arbeitern der Maschinen- und Hüttenindustrie.

I. Benennung und Zweck der Anstalten.
II. Vorschriften für die Aufnahme von Schülern in die Anstalten.
III. Lehrpläne der Anstalten.
    A. Höhere Maschinenbauschulen.
        1. Stundenverteilungsplan für die höheren Maschinenbauschulen.
        2. Lehrstoff für die höheren Maschinenbauschulen.
        3. Stundenverteilungsplan für die mit der höheren Maschinenbauschule in Cöln verbundene Vorschule.
        4. Lehrstoff für die mit der höheren Maschinenbauschule in Cöln verbundene Vorschule.
    B. Maschinenbauschulen.
        1. Stundenverteilungsplan für die vierklassigen Maschinenbauschulen.
        2. Lehrstoff für die vierklassigen Maschinenbauschulen.
        3. Stundenverteilungsplan für die dreiklassige Maschinenbauschule in Cöln.
        4. Lehrstoff für die dreiklassige Maschinenbauschule in Cöln.
    D. Abend- und Sonntagsschulen für Maschinenbauer, Schlosser, Schmiede- und Hüttenarbeiter.
    E. Schulen mit zweisemestrigem Kursus zur Weiterbildung von Arbeitern der Maschinenindustrie.
        1. Stundenverteilungsplan.
        2. Lehrstoff und Behandlung des Lehrstoffs.
IV. Ordnungen der Prüfungen, welche an den Anstalten abgehalten werden.
    a) Ordnung der Prüfung zum Nachweis der für die Aufnahme in die höheren Maschinenbauschulen erforderlichen Kenntnisse.
    b) Ordnung für die Reifeprüfungen.
V. Schulgesetze für die höheren Maschinenbauschulen, die Maschinenbauschulen und die Hüttenschulen.

I. Benennung und Zweck der Anstalten.

A. Höhere Maschinenbauschulen.

Die höheren Maschinenbauschulen sollen Betriebsbeamte und Konstruktionsbeamte für die Maschinenindustrie und die damit verwandten Industrien heranbilden und künftigen Besitzern und Leitern solcher industrieller Anlagen Gelegenheit zum Erwerbe der erforderlichen technischen Kenntnisse geben.

B. Maschinenbauschulen.

(Mit viersemestrigem und dreisemestrigem Kursus.)

Die Maschinenbauschulen sollen künftige niedere technische Betriebsbeamte für die Maschinenindustrie (Werkmeister, Maschinenmeister und Leiter kleinerer Betriebe) heranbilden und Besitzern kleinerer Betriebe die nötigen Fachkenntnisse, insbesondere die erforderliche Fertigkeit im Zeichnen vermitteln.

C. Hüttenschulen.[1])

Die Hüttenschulen sind an einzelnen Orten an die Maschinenbauschulen angegliedert und sollen niedere Betriebsbeamte für die Hüttenindustrie heranbilden.

D. Abend- und Sonntagsschulen für Maschinenbauer, Schlosser, Schmiede und Hüttenarbeiter.

Die Abend- und Sonntagsschulen für Maschinenbauer, Schlosser, Schmiede und Hüttenarbeiter sind an die höheren

---

[1]) Von einer Berücksichtigung der Lehrpläne und des Unterrichts der Hüttenschulen habe ich Abstand genommen, da ich meine Ausführungen in diesem Buche auf die Besprechung der Ausbildung für das Maschinenbaufach beschränken wollte.

Maschinenbauschulen, Maschinenbauschulen oder Handwerkerschulen angegliedert und sollen Arbeitern der genannten Gewerbe die zu ihrem Berufe erforderlichen fachlichen Kenntnisse und zeichnerischen Fertigkeiten vermitteln.

E. Außer den vorgenannten Schulen, sollen an einzelnen Orten versuchsweise Anstalten mit zweisemestrigem Kursus zur Weiterbildung von tüchtigen Arbeitern der Maschinenindustrie, die sich später zu Vorarbeitern, Monteuren und Werkmeistern entwickeln können, zugelassen werden.

Diese Anstalten sollen in der Regel an die Handwerkerschulen angegliedert werden.

II. Vorschriften für die Aufnahme von Schülern in die Anstalten.

A. Die zur Aufnahme in die unterste Klasse der höheren Maschinenbauschulen erforderlichen Kenntnisse können nachgewiesen werden:

1. durch Vorlegung eines Zeugnisses über den erfolgreichen Besuch der Untersekunda oder einer der Untersekunda entsprechenden Klasse einer höheren Lehranstalt der allgemeinen Unterrichtsverwaltung, den Nachweis genügender Fertigkeit im grundlegenden Zeichnen und den Ausweis einer mindestens zweijährigen praktischen Werkstatttätigkeit.

2. durch Vorlegung eines Befähigungszeugnisses zur Aufnahme in die höheren Maschinenbauschulen, welches durch die Ablegung der von dem Minister für Handel und Gewerbe vorgeschriebenen Prüfung erworben werden kann (vgl. IV a), und den Nachweis

einer mindestens dreijährigen praktischen Tätigkeit von der mindestens zwei Jahre der praktischen Werkstatttätigkeit gewidmet sein mußten.

Für die höhere Maschinenbauschule in Cöln gilt außerdem noch die Sonderbestimmung, daß die zur Aufnahme in die unterste Klasse erforderlichen Kenntnisse durch den erfolgreichen Besuch der mit der Anstalt verbundenen Vorschule mit zweisemestrigem Kursus nachgewiesen werden können.

Zur Aufnahme in diese Vorschule ist der Nachweis einer guten Volksschulbildung und einer mindestens zweijährigen praktischen Werkstatttätigkeit beizubringen.

B. Zur Aufnahme in die unterste Klasse der Maschinenbauschulen ist der Nachweis einer guten Volksschulbildung und einer mindestens vierjährigen praktischen Werkstatttätigkeit erforderlich. Außerdem ist der Besuch einer Fortbildungsschule vor dem Eintritt in die Anstalt erwünscht.

C. Zur Aufnahme in die unterste Klasse der Hüttenschulen ist der Nachweis einer guten Volksschulbildung und einer mindestens vierjährigen praktischen Tätigkeit im Hüttenbetriebe erforderlich. Außerdem ist der Besuch der Fortbildungsschule vor dem Eintritt in die Anstalt erwünscht.

D. Zur Aufnahme in die Abend- und Sonntagsschulen für Maschinenbauer, Schlosser, Schmiede und Hüttenarbeiter ist der Nachweis einer guten Volksschulbildung und der Ausweis über die Beschäftigung in einem der vorgenannten Gewerbe erforderlich. In der Regel sollen aber nur solche Schüler aufgenommen werden, die nicht mehr fortbildungsschulpflichtig sind, d. h. solche, die entweder bereits aus der Fortbildungsschule entlassen worden sind oder nachgewiesen haben, daß sie die Kenntnisse und Fertigkeiten besitzen, die das Lehrziel der Fortbildungsschule bilden.

E. Für die Aufnahme in die untere Klasse der Anstalten mit zweisemestrigem Kursus zur Weiterbildung von Arbeitern der Maschinenindustrie gelten dieselben Bestimmungen wie für die Aufnahme in die Maschinenbauschulen (unter II B).

F. Der Eintritt eines Neuaufzunehmenden in eine höhere Klasse der vorgenannten Anstalten kann erfolgen, wenn er den Nachweis über die für die Aufnahme in die betreffende Anstalt vorgeschriebene praktische Tätigkeit erbringt und durch Ablegung einer Prüfung dargetan hat, daß er den Lehrstoff der vorhergehenden Klasse beherrscht.

Von der Ablegung einer solchen Aufnahmeprüfung sind befreit:

1. die Schüler, welche von einer gleichartigen preußischen Fachschule übertreten und sich zum Eintritt in die gleiche Klasse (Unterrichtsstufe) melden, in der sie in der vorigen Anstalt weitergeführt worden wären, sofern sie dort verblieben wären;

2. die Schüler, welche ein Zeugnis darüber beibringen, daß sie sich den Lehrstoff der untersten Klasse der Maschinenbauschulen oder Hüttenschulen auf einer mit diesen Anstalten verbundenen Abend- und Sonntagsschule angeeignet haben, sofern sie sich zum Eintritt in die dritte Klasse einer vierklassigen Maschinenbau- oder Hüttenschule oder zum Eintritt in die zweite Klasse einer dreiklassigen Maschinenbauschule melden.

G. Die Aufnahmegesuche sind von den Direktionen der Anstalten in der Reihenfolge zu berücksichtigen, in der sie eingehen.

III. Lehrpläne der Anstalten.

A. Höhere Maschinenbauschulen.

1. Stundenverteilungsplan für die höheren Maschinenbauschulen.

Nr.	Lehrgegenstände	Kl. IV	Kl. III	Kl. II	Kl. I	Summe
1	Geschäftskunde	.	.	.	2	2
2	Mathematik	8	4	4	2	18
3	Physik.	4	2	.	.	6
4	Chemie	4	.	.	.	4
5	Mechanik	6	5	4	2	17
6	Maschinenelemente . .	4	4	2	1	11
7	Dampfkessel.	.	.	2	2	4
8	Hebemaschinen	.	.	3 }(8)	3	6
9	Dampfmaschinen . . .	.	.	3	2 }(12)	5 }(20)
10	Hydraulische Motoren .	.	.	.	3	3
11	Gasmotoren	.	.	.	2	2
12	Werkzeugmaschinen. .	.	4	.	.	4
13	Allgemeine Technologie	.	. }(6)	4	2	6 }(12)
14	Hüttenkunde.	.	2	.	.	2
15	Elektrotechnik.	.	4	3	2	9
16	Baukonstruktion, Bau-mechanik und Bau-zeichnen.	4	3	3	2	12
17	Veranschlagen.	.	.	.	1	1
18	Darstellende Geometrie	6	4	.	.	10
19	Maschinenelemente-Skizzieren u. Zeichnen	6	6	6	.	18
20	Dampfkessel-Skizzieren und Zeichnen	.	.	.	4	4
21	Hebemaschinen-Skizzie-ren und Zeichnen . .	.	.	2	4 }(12)	6 }(16)
22	Dampfmaschinen - Skiz-zieren und Zeichnen .	.	.	2 }(4)	4	6
23	Werkzeugmaschinen-Skizzieren u. Zeichnen	.	4	.	.	4
24	Übungen in den Labora-torien	.	.	4	4	8
25	Rundschrift	(1)	.	.	.	(1)
26	Samariterunterricht . .	.	.	1	.	1
	Summe	42+(1)	42	43	42	169 + (1)

2. Lehrstoff für die höheren Maschinenbauschulen.

Geschäftskunde.

Einfache Buchführung. Das Notwendigste aus der Lehre vom Wechsel.

Mathematik.

Algebra. Wiederholung der Lehre von den Potenzen, Wurzeln, Logarithmen. Übungen im Rechnen mit Logarithmen. Gleichungen ersten Grades mit einer und mit mehreren Unbekannten. Gleichungen zweiten Grades mit einer Unbekannten. Gleichungen zweiten Grades mit mehreren Unbekannten. Maxima und Minima. Exponential-Gleichungen. — Arithmetische und geometrische Reihen. Zinseszins- und Rentenrechnung. Der binomische Satz für positive ganze Exponenten. Konvergenz und Divergenz der Reihen. Der binomische Satz für negative und gebrochene Exponenten. Die Exponentialreihe.

Planimetrie. Die wichtigeren Sätze und Konstruktionen aus der Elementargeometrie. Kreislehre, Flächenberechnung gradliniger Figuren, Proportionen an gradlinigen Figuren und am Kreise. Konstruktionsaufgaben.

Trigonometrie. Die trigonometrischen Funktionen und ihre Beziehungen zu einander. Übung im Gebrauch der trigonometrischen Tafeln. Berechnung rechtwinkliger und gleichschenkliger Dreiecke und der regulären Vielecke. Berechnung schiefwinkliger Dreiecke und Vierecke.

Stereometrie. Grade Linie und Ebene im Raume. Die dreiseitige Ecke. Die regulären Körper. Inhalt und Oberfläche von Prisma, Cylinder, Pyramide, Kegel. Ableitung der Formeln zur Berechnung von Körperstumpfen, Kugeln und Kugelteilen. Allgemeine Methoden zur Berechnung von Körpern: Guldinsche Regel; Simpsonsche Regel. Anwendung zu Inhalts- und Gewichtsberechnungen.

Kurvenlehre. Die gerade Linie, die Kegelschnitte, Parabeln höherer Ordnung, cyklische Kurven, bezogen auf das rechtwinklige Koordinatensystem. Methoden zur Berechnung krummlinig begrenzter Flächenstücke.

Physik.

Mechanik. Gleichgewicht und Bewegung fester Körper. Gleichgewicht und Bewegung tropfbar - flüssiger und gasförmiger Körper.

Wärmelehre. Messung der Temperatur. Thermometer. Pyrometer. Ausdehnung der Körper durch die Wärme. Veränderung des Aggregatzustandes. Bestimmung der Schmelz- und Verdampfungswärme. Die Gesetze der Dampfbildung. Spezifische Wärme; Methoden zur Bestimmung der spezifischen Wärme. Leitung und Strahlung der Wärme. Quellen der Wärme. Äquivalenz von Wärme und Arbeit.

Optik. Quellen, Verbreitung und Geschwindigkeit des Lichtes. Lichtstärke und ihre Messung; Spiegel, Linse, Prisma und die für die Technik wichtigen optischen Instrumente.

Chemie.

Die Metalloide, besonders Wasserstoff, Chlor, Sauerstoff, Schwefel, Stickstoff, Phosphor, Kohlenstoff, Kiesel und deren wichtigste Verbindungen. Chemische Zeichen und Formeln. Die Metalle und ihre Verbindungen, soweit sie für die Maschinentechnik von Wichtigkeit sind.

Mechanik.

Bewegungslehre. Gleichförmige Bewegung. Ungleichförmige Bewegung. Zusammensetzung und Zerlegung von Geschwindigkeiten und Beschleunigungen. Freier Fall.

Statik fester Körper. Zusammensetzung und Zerlegung von Kräften, die an einem Punkte wirken. Das statische Moment. Der Satz vom statischen Moment für Kräfte in der Ebene, an demselben Angriffspunkte und an verschiedenen Angriffspunkten. Die parallelen Kräfte in der Ebene und im Raume. Mittelpunkt paralleler Kräfte und Lehre vom Schwerpunkt. Guldins Regel. Stabilität. Kräftepaare. Zusammensetzung und Zerlegung von Kräften an verschiedenen Angriffspunkten in der Ebene und im Raume. Gleichgewichtsbedingungen. Die Gesetze der Reibung. Die gleitende und die rollende Reibung. Zapfenreibung. Seilreibung. Die einfachen und zusammengesetzten Maschinen mit besonderer Rücksicht auf das Räderwerk. Die Elemente der graphischen Statik.

Festigkeitslehre. Einleitung. Zug- und Druckfestigkeit. Scheerfestigkeit. Die Biegungsfestigkeit. Berechnung von Trägheits- und Widerstandsmomenten. Der Freiträger und der Träger auf zwei Stützen mit Einzellasten und verteilter Belastung. Träger von gleichem Widerstand gegen Biegung. Die Durchbiegung des prismatischen Freiträgers mit Anwendungen. Drehungsfestigkeit. Zusammengesetzte Festigkeit. Die Resultate der Zerknickungsfestigkeit. Aufgaben aus der Maschinentechnik.

Dynamik fester Körper. Beziehung zwischen Kraft, Masse und Beschleunigung. Bewegung auf der schiefen Ebene und auf der krummen Fläche. Wurfbewegung. Von der mechanischen Arbeit. Lebendige Kraft. Bestimmung von Trägheitsmomenten. Von der Zentrifugalkraft. Zentrifugalpendel. Kreispendel. Bewegungs-, Kraft und Arbeitsverhältnisse des Kurbelgetriebes. Stoß fester Körper.

Mechanik tropfbar-flüssiger Körper. Gleichgewicht und Druck des Wassers in Gefäßen. Gleichgewicht bei eingetauchten Körpern.

Ausfluß des Wassers und Bewegung desselben in Leitungen. Hydrostatischer und hydraulischer Druck. Stoß des Wassers.

Mechanik elastisch-flüssiger Körper. Eigenschaften der Gase und Dämpfe. Die Gesetze von Mariotte, Gay-Lussac und die Zustandsgleichung der Gase. Anwendung der mechanischen Wärmetheorie auf Gase. Das Gesetz von Poisson. Die umkehrbaren Zustandsänderungen. Die Kreisprozesse. Anwendungen. Die Gesetze der Dampfbildung. Verhalten des Dampfes bei den wichtigsten Zustandsänderungen. Anwendungen.

Ausfluß elastischer Flüssigkeiten aus Gefäßen und Bewegung derselben in Leitungen.

Maschinenbaukunde.

a) Maschinen-Elemente. (Beschreibung und Berechnung.)

Die Schrauben und Schraubenverbindungen. Die Keile und Keilverbindungen. Die Niete und Nietverbindungen.

Die Zapfen, Achsen und Wellen. Die Lager. Die Kupplungen. Die Zahnräder. Die Riemenscheiben und der Riementrieb. Die Seilscheiben und der Seiltrieb.

Die Pumpen- und Dampfkolben und die Kolbenstangen. Die Stopfbüchsen. Die Kurbeln und die Exzenter. Die Pleuelstangen. Die Kreuzköpfe und Geradführungen. Der Balancier.

Die Röhren und Röhrenverbindungen. Ventile, Hähne, Schieber und Klappen.

b) Dampfkessel. Zweck und Haupteigenschaften der Dampfkessel. Der gesättigte Wasserdampf. Die Brennstoffe. Der Verbrennungsprozeß. Die Dampfkesselfeuerung und ihre wichtigsten Teile. Der Rost und die verschiedenen Rostkonstruktionen, der Aschenfall, die Züge und der Schornstein. Berechnung einer Dampfkesselfeuerung. Die Heizfläche, der Dampf- und Wasserraum. Die verschiedenen Dampfkesselsysteme und ihre Einmauerung. Die Herstellung und die Berechnung der Dampfkessel. Die Kesselarmatur. Die Vorwärmer. Über die Wartung der Dampfkessel. Die gesetzlichen Bestimmungen über Anlage und Betrieb der Dampfkessel.

c) Hebemaschinen. Berechnung und Konstruktion der Einzelteile der Lasthebemaschinen. Berechnung und Konstruktion der Flaschenzüge und Winden. Berechnung und Konstruktion der einfachen Krane. Beschreibung der Transmissions-, der Dampf-, der hydraulischen und elektrischen Krane.

Die Einteilung der Pumpen. Berechnung und Konstruktion der Kolbenpumpen. Die Pumpendiagramme. Beschreibung der Zentrifugalpumpen und der kolbenlosen Pumpen.

d) Dampfmaschinen. Einteilung der Dampfmaschinen. Die Hauptteile der Dampfmaschinen. Die Schieberdiagramme. Die Steuerung mit einem Schieber und die wichtigsten Expansionsschiebersteuerungen. Die Berechnung der einfachen Dampfmaschine und der Zwillingsmaschine. Die Dampf-,

Massen- und kombinierten Diagramme. Die Beurteilung der regelmäßigen und unregelmäßigen Indikatordiagramme. Die Regulatoren. Beschreibung der wichtigsten Ventil- und Drehschiebersteuerungen. Die Umsteuerungen. Die Aufführung der Fundamente. Aufstellen, Anlassen und Wartung der Maschine.

e) **Hydraulische Motoren.** Die Grundlagen zur Berechnung der vertikalen und horizontalen Wasserräder. Die Konstruktion wichtiger Einzelteile.

f) **Gasmotoren.** Die wichtigsten Ausführungsformen und deren Wirkungsweise.

Technologie.

Werkzeugmaschinenkunde. Allgemeines über Bau und Montage der Maschinen. Die Antriebs-, Schalt-, Umsteuerungs- und Abstellmechanismen. — Die Drehbänke, die Bohr-, Fräs- und Schraubenbearbeitungsmaschinen, die Hobel- und Stoßmaschinen, die Maschinen zur Blechbearbeitung, die Maschinensägen, die Holzhobel- und Stemmaschinen.

Hüttenkunde. Die künstlichen Brennstoffe. Die Roheisenerzeugung. Rohmaterialen, der Hochofenbetrieb. Verarbeitung des Roheisens auf Schmiedeeisen und Stahl. Bereitung des Guß- und Zementstahls und des Tempergusses. Kurzer Abriß der hüttenmännischen Gewinnung des Kupfers, Bleies, Zinks, Zinns und Antimons aus ihren Erzen.

Der Eisengießereibetrieb. Rohmaterialien, die Schmelzöfen, die Heerd-, Kasten- und Schablonenformerei.

Der Schmiedeprozeß. Schmiedeverfahren, die Feuer, die Werkzeuge und Geräte, die mechanischen Hämmer.

Der Walzprozeß. Antriebe und Formen der Walzen, die Luppen-, Block-, Profileisen-, Blech- und Röhrenwalzwerke. Das Ziehen von Draht und Röhren.

Materialienkunde. Eigenschaften und Verwendung des Eisens, Kupfers, Bleies, Zinks und Zinns, sowie Vorschriften für Lieferungen. — Die wichtigsten Metallegierungen. Schmiermittel. Leder, Gummi, Schmirgel, Asbest. — Erläuterung der vorhandenen Festigkeitsprobiermaschinen.

Die Bearbeitung der Metalle und des Holzes. Dreharbeiten. Bohrarbeiten. Hobel- und Fräsarbeiten. Schleifarbeiten. Schlosserei- und Montagearbeiten. Schutzvorrichtungen.

Elektrotechnik.

Die Wirkungen des elektrischen Stromes. Das Ohm'sche Gesetz. Stromverzweigungen. Das Joule'sche Gesetz. Akkumulatoren. Magnetismus und Elektromagnetismus. Induktionselektrizität. Meßinstrumente. Meßkunde. Dynamomaschinen für Gleichstrom. Störende Einflüsse bei Dynamomaschinen. Motoren für Gleichstrom und deren verschiedenes Verhalten. Kraftübertragung. Wechselströme und Wechselstrommaschinen. Transformatoren. Drehstrommaschinen und Motoren. Verteilungssysteme und Installation. Beleuchtung.

Baukonstruktionslehre, Baumechanik und Bauzeichnen.

·Mauerkonstruktionen. Gewinnung und Eigenschaften der natürlichen und künstlichen Steine und ihre Verbindungsmittel. Die wichtigsten Mauerverbände. Mauerdurchbrechungen. Ausführung und Stärke der Mauern. Gewölbe, gewölbte Decken. Fabrikschornsteine.

Holzkonstruktionen. Hauptarten und Eigenschaften der Hölzer. Die wichtigsten Holzverbände. Hänge- und Sprengewerke. Dachkonstruktionen und Dachdeckungen. Fachwerkwände. Treppen.

Baustatik. Berechnung und Querschnittsbestimmung tragender und stützender Konstruktionsteile. Berechnung und Querschnittsbestimmung eiserner Fachwerkträger. Druckverteilung in rechteckigen Mauerquerschnitten. Stabilität. Berechnung des Horizontalschubs einfacher Gewölbe in Anwendung auf freigesprengte Dächer.

Eisenkonstruktionen. Material. Schutz gegen Feuer und Rost. Anordnung der Nietverbindungen. Träger und Stützen einschließlich ihrer Stöße und ihrer gegenseitigen Verbindungen. Fachwerkwände. Treppen. Feuersichere Deckenanlagen. Eiserne Dachkonstruktionen einschließlich der Oberlichte. Wellblechdächer.

Zeichnen von Einzel- und einfachen Gesamtanordnungen aus den vorstehenden Gebieten mit besonderer Berücksichtigung von Fabrikanlagen.

Veranschlagen.

Betriebsbücher. Grundsätze zur Ermittelung des Arbeitslohns, zur Bestimmung des Herstellungs- und des Verkaufspreises.

Darstellende Geometrie.

Die zur Begründung notwendigen Sätze der Geometrie des Raumes. Projektion von Punkten, Linien, Flächen und Körpern in verschiedenen Lagen zu den Projektionsebenen. Durchgänge von Linien und Bestimmung der wahren Länge derselben. Spuren von Ebenen und Herab- und Heraufschlagen derselben. Schnitte von Linien untereinander, von Linien mit Ebenen, Ebenen mit Ebenen, Körper mit Ebenen, insbesondere die Kegelschnitte. Verschiedene Konstruktionen der Ellipse, Parabel, Hyperbel. Die Schraubenlinie, die Schraubenfläche. Einfache und schwierige Durchdringungen und Austragung der Mantelflächen unter besonderer Berücksichtigung der in der Praxis vorkommenden Aufgaben.

Maschinenzeichnen.

a) **Maschinenelemente.** Im Anschluß an den Vortrag: Zeichnen und Berechnen von Maschinenelementen. Übungen im freihändigen Skizzieren nach Modellen.

Als Unterrichtsmodelle dienen mustergültige Handelsfabrikate der Maschinenindustrie.

b) **Dampfkessel.** Platten- und Eckverbindungen. Die Details einer Dampfkesselfeuerung. Berechnen und Zeichnen der wichtigsten Dampfkesselsysteme unter Zugrundelegung von Skizzen und Zeichnungen ausgeführter Anlagen. Herausziehen der wichtigsten Details.

c) **Hebemaschinen.** Berechnen und Entwerfen einfacher Hebezeuge und Pumpen.

d) **Dampfmaschinen.** Konstruktion von Schieberdiagrammen. Graphische Schwungradberechnung. Berechnen einer Dampfmaschine und Entwerfen der zugehörigen Steuerung, des zugehörigen Dampfcylinders und sonstiger wichtiger Einzelteile.

e) Werkzeugmaschinen. Aufnahme einzelner Hauptteile der in den Sammlungen oder Laboratorien vorhandenen Werkzeugmaschinen. Anfertigung von Werkstattzeichnungen nach diesen freihändig angefertigten Maßskizzen.

Praktische Übungen in den Laboratorien.

Übungen im physikalischen Laboratorium. Die Schüler sollen gute Meßinstrumente kennen; sie sollen beobachten und genau messen lernen, bevor sie an die selbständigen Übungen im elektrotechnischen, beziehungsweise im Maschinenbaulaboratorium herantreten. Auf eine geeignete schriftliche Aufzeichnung der Versuche wird Wert gelegt. — Messungen von Längen, Flächen, Rauminhalten, Geschwindigkeiten, Drucken, Temperaturen und Wärmemengen.

Übungen im Maschinenbaulaboratorium. Einleitung. Der Indikator und das regelmäßige Indikatordiagramm. Die Einrichtung und Verwendung der verschiedenen Bremsen. Bestimmung der indizierten und der effektiven Leistung. Die Behandlung des Indikators und der Bremse.

Untersuchung der Versuchsdampfmaschine allein und in Verbindung mit dem Kessel. Untersuchung des Gasmotors. Fehlerhafte Diagramme der Versuchsdampfmaschine. Untersuchung der Dampfpumpe und Untersuchung von Injektoren. Übungen im Materialversuchsraum.

Übungen im elektrotechnischen Laboratorium. Strom-, Spannungs- und Widerstandsmessungen. Prüfung von Strom- und Spannungsmessern, sowie Elektrizitätszählern. Untersuchung von Bogen- und Glühlampen. Messungen an Dynamomaschinen, Elektromotoren und Transformatoren.

Für alle Übungen erhalten die Schüler Eintragungsformulare, oder sie fertigen solche selbst an. Auch führen sie besondere Hefte für die Ausarbeitung der Untersuchungen.

Die letzteren werden regelmäßig vorgelegt und von dem Lehrer geprüft.

Rundschrift.

Die Schüler sollen die Rundschrift erlernen, da auf die Ausstattung der Zeichnungen mit einer korrekten Zierschrift Wert zu legen ist.

Samariterkursus.

Die Organe des menschlichen Körpers und ihre Tätigkeit. Erste Hilfe bei Verwundungen, Knochenbrüchen, Verrenkungen, Verstauchungen, Verbrennungen und beim Scheintode unter Berücksichtigung der verschiedenen Ursachen desselben. Die künstliche Atmung, das Anlegen von Notverbänden, der Transport von Kranken u. a. werden praktisch geübt.

Der Unterricht berücksichtigt überall die Notwendigkeit, den Verletzten so schnell wie möglich in die Hände eines Arztes überzuführen.

3. Stundenverteilungsplan für die mit der höheren Maschinenbauschule in Cöln verbundene Vorschule.

Nr.	Lehrgegenstände	Unterklasse (1. Sem.)	Oberklasse (2. Sem.)	Summe
1	Deutsch	6	8	14
2	Rechnen	6	6	12
3	Mathematik	12	12	24
4	Physik	2	2	4
5	Chemie	2	2	4
6	Geometrisches Zeichnen . .	6	6	12
7	Technisches Freihandzeichnen	4	4	8
8	Rundschrift	2	—	2
	Summe . .	40	40	80

4. Lehrstoff für die mit der höheren Maschinenbauschule in Cöln verbundene Vorschule.

Deutsch.

Das Lehrziel des Unterrichts im Deutschen ist die Fertigkeit, sich mündlich und schriftlich korrekt auszudrücken.

a) Orthographie: Die Schärfung, Dehnung, die Silbentrennung, die großen und kleinen Anfangsbuchstaben; vielfache Übungen durch Diktate.

b) Grammatik: Die Wortarten; Deklination und Konjugation; die Fürwörter und Verhältniswörter; aus der Wortbildungslehre die wichtigsten Vor- und Nachsilben; die Satzzeichen. Das Notwendige aus der Satzlehre. Eingehende Belehrung über die Anwendung der Satzzeichen.

c) Stilistische Übungen: Aufsätze erzählenden oder beschreibenden Inhalts. Bei der Wahl des Stoffes wird in erster Linie auf den zukünftigen Beruf der Schüler Rücksicht genommen, ohne jedoch allgemein bildende Gegenstände auszuschließen. Den Arbeiten werden gelesene Stücke oder freie Vorträge des Lehrers zugrunde gelegt. Bearbeitung von Geschäftsaufsätzen, Verträgen, Geschäftsbriefen, Gesuchen und Berichten an Private und Behörden.

Ferner soll Gelegenheit genommen werden, die Schüler mit dem Wichtigsten über Verfassung, Verwaltung und Gesetzgebung Preußens und des Deutschen Reichs bekannt zu machen.

d) Übungen der Schüler im freien Vortrag.

Rechnen.

Das Ziel des Rechenunterrichts ist die Erlangung einer größtmöglichen Gewandtheit und Sicherheit im Kopfrechnen und in der schriftlichen Lösung von Rechenaufgaben, wie sie das geschäftliche Leben bietet.

Wiederholung der vier Grundrechnungsarten mit ganzen unbenannten und benannten Zahlen, der Dezimal- und ge-

wöhnlichen Brüche, der Resolution und Reduktion, des ein-
fachen, geraden und umgekehrten Dreisatzes (auch unter An-
wendung der einschlägigen Lehrsätze über Proportionen).
Übung in der rechnerischen Verwertung algebraischer Formeln.
Der zusammengesetzte Dreisatz. Allgemeine Rechnung mit
Prozenten. Gewinn- und Verlustrechnung, Zins-, Rabatt- und
Diskontorechnung, Gesellschafts- und Mischungsrechnung.

Mathematik.

a) **Algebra:** Die vier Grundrechnungsarten mit positiven
und negativen Zahlen, Buchstaben mit mehrgliedrigen algebraischen Ausdrücken, Absondern eines gleichen Faktors,
Begriff der Potenz, Ausziehen der Quadrat- und Kubikwurzeln
aus ganzen und gebrochenen Zahlen und aus algebraischen
Ausdrücken. Die Grundbegriffe der Zahlenlehre; die Pro-
portionslehre, sowie deren Anwendung; die Lehre von den
Potenzen mit ganzen, gebrochenen und negativen Exponenten.
Die Gleichungen 1. Grades mit einer und mehreren Unbekannten. Zahlreiche angewandte Aufgaben. Die Lehre
von den Wurzeln mit ganzen, gebrochenen und negativen
Exponenten, irrationale und imaginäre Ausdrücke. Die Lehre
von den Logarithmen, der Gebrauch der logarithmischen
Tafeln. Rein- und gemischt-quadratische Gleichungen.

b) **Planimetrie:** Die Grundbegriffe. Die Lehre von der
geraden Linie, den Winkeln und Parallelen. Die Lehrsätze
über das Dreieck, insbesondere die Kongruenzsätze, das rechtwinklige und gleichschenklige Dreieck und die merkwürdigen
Punkte im Dreieck. Das Viereck, besonders das Parallelogramm und das Trapez. Die Lehre vom Kreis; die regelmäßigen Vielecke; die Gleichheit geradliniger Figuren. Der
Pythagoräische Lehrsatz, seine Anwendung auf die Berechnung rechtwinkliger Dreiecke und seine Erweiterungen. Die
Proportionen und die Proportionalität von Linien. Ähnlichkeit
geradlinig begrenzter Figuren, besonders der Dreiecke. Proportionen am Kreise; Verhältnis der Flächenräume; Inhalts-
bestimmungen geradliniger Figuren. Wiederholung und Abschluß der Kreislehre; die Zahl π und die Kreisrechnung.

Konstruktion und Berechnung der regulären Polygone. Zahlreiche Konstruktions- und Berechnungsaufgaben.

c) Trigonometrie: Die Anfangsgründe der Trigonometrie; Auflösung des rechtwinkligen und gleichschenkligen Dreiecks.

d) Stereometrie: Berechnung der Oberfläche und des Inhalts der fünf einfachen Körper.

Physik.

Eigenschaften der Körper. Ausdehnung, Gewicht, Dichtigkeit. Wirkungen der Schwere auf feste, flüssige und luftförmige Körper, die Lehre von der Wärme, vom Magnetismus, von der Reibungs- und Berührungselektrizität in elementarer Behandlung.

Chemie.

Erläuterung der wichtigsten chemischen Begriffe, wie Verbindung, Gemisch, Element, Metall und Nichtmetall, Säure und Base. Zusammensetzung und Eigenschaften von Luft und Wasser. Phosphor und Schwefel, sowie deren wichtigste Verbindungen. Atmung und Verbrennung. Der Kohlenstoff und seine wichtigsten anorganischen und organischen Verbindungen.

Geometrisches Zeichnen.

Anleitung in der Benutzung der Zeichengeräte, Strichübungen und Konstruktionen geometrischer Aufgaben; Teilen von Linien und Winkeln; Errichten und Fällen von Loten, Zeichnen von Maßstäben, Kreisaufgaben, insbesondere Tangentenkonstruktionen und Konstruktion der regelmäßigen Vielecke usw. Zeichnen der für das Maschinenfach wichtigen Kurven: Ellipse, Parabel, Hyperbel, Cycloiden, Evolventen. Die Schraubenlinie, Schraubenfläche, der Schraubenkörper, der spirale Zylinder. Übung im Anlegen von Flächen. Aufmessen einfacher Körper und Zeichnen derselben im Grundriß, Aufriß und in der Seitenansicht. Konstruktion leichter Schnittfiguren.

Technisches Freihandzeichnen.

Das Freihandzeichnen hat den Zweck, die Fähigkeit zu entwickeln, Gegenstände des Faches ohne Zuhilfenahme von Zeichengeräten schnell und möglichst exakt zu skizzieren.

Der Lehrer zeichnet den Gegenstand an der Wandtafel vor und erläutert, von welchen Punkten und Linien ausgehend die Skizze angelegt wird; in die fertige Wandtafelzeichnung werden die Maße eingetragen. Die Gegenstände sind so zu wählen, daß der Schüler sie in natürlicher Größe zeichnen kann; sind die Maße eingetragen, so wird mit dem Maßstab nachgemessen und die gezeichnete Dimension mit rotem Stift eingetragen. Es werden Grundformen von Maschinenteilen skizziert; die Skizzen werden in Blei ausgeführt.

Skizzieren von Grundformen nach gegebenen Modellen. Während vorher das Skizzieren nach den Wandtafelzeichnungen des Lehrers Massenunterricht war, greift jetzt der Einzelunterricht Platz. Die Gegenstände werden in zwei, wenn nötig in drei Ansichten dargestellt. Aus den Ansichten werden Schnitte entwickelt und die Richtigkeit derselben durch Auseinandernehmen der Modelle kontrolliert. Die Ausführung der Skizzen geschieht zunächst ebenfalls in Blei, später wird die Bleizeichnung mit der Schreibfeder nachgezogen, zuletzt erfolgt die Ausführung sofort mit der Feder. Das richtige Einschreiben der Maße, das Prüfen derselben durch Nachmessung, namentlich aber das richtige Anlegen der Skizze von den Mittellinien aus wird besonders beachtet. Einzelne Skizzen werden zur Anfertigung von Werkzeichnungen benutzt.

Rundschrift.

Durch diesen Unterricht sollen die Schüler befähigt werden, ihre Zeichnungen sauber zu beschreiben und mit Maßzahlen zu versehen.

B. Maschinenbauschulen.

1. Stundenverteilungsplan für die vierklassigen Maschinenbauschulen.

Nr.	Lehrgegenstände	Kl. IV.	Kl. III.	Kl. II.	Kl. I.	Summe
1	Deutsch	6	2	}2	}2	}12
2	Geschäfts- und gewerbliche Gesetzeskunde	.	.			
3	Rechnen	6	2	.	.	8
4	Mathematik	7	6	4	2	19
5	Physik	4	2	.	.	6
6	Chemie	.	2	.	.	2
7	Mechanik	.	5	4	2	11
8	Elektrotechnik	.	4	3	3	10
9	Maschinenelemente	.	6	.	.	6
10	Dampfkessel	.	.	3 }(7)	.	3
11	Hebemaschinen	.	.	4	.	4
12	Dampfmaschinen	.	.	.	4	4 }(14)
13	Hydraulische Motoren	.	.	.	2 }(7)	2
14	Gasmotoren	.	.	.	1	1
15	Werkzeugmaschinen	.	.	3	.	3
16	Hüttenkunde	.	.	2 }(8)	.	2 }(12)
17	Allgemeine Technologie	.	.	3	4	7
18	Feuerungskunde	Wird in der Dampfkessellehre u. i. d. Hüttenkunde behandelt.				
19	Baukonstruktion	.	.	2	2	4
20	Veranschlagen	.	.	.	1	1
21	Geometrisches Zeichnen, Technisches Freihandzeichnen u. Projektionszeichnen	18	3	.	.	21
22	Maschinenelemente-Skizzieren und Zeichnen	.	10	4	2	16
23	Dampfkessel-Skizzieren und Zeichnen	.	.	.	4	4
24	Hebemaschinen-Skizzieren und Zeichnen	.	.	.	5 }(13)	5 }(13)
25	Dampfmaschinen-Skizzieren und Zeichnen	.	.	.	4	4
26	Werkzeugmaschinen-Skizzieren und Zeichnen	.	.	4	.	4
27	Rundschrift	1	.	.	.	1
28	Übungen i. d. Laboratorien	.	.	4	4	8
29	Samariterunterricht	.	.	1	.	1
	Summe	42	42	43	42	169

2. Lehrstoff für die vierklassigen Maschinenbauschulen.

Deutsch, Geschäfts- und gewerbliche Gesetzeskunde.

Wort- und Satzlehre. Rechtschreibung und Zeichensetzung. Befestigung des grammatischen und orthographischen Stoffes durch Diktate. Behandlung von Lesestücken.

Rechnungen. Quittungen. Lieferscheine, Empfangsscheine. Aufbewahrungsscheine. Schuldscheine. Bürgschaften. Vollmachten. Zeugnisse. Öffentliche Anzeigen. Verträge. Anerbietungsschreiben. Bestellungen, Aufträge. Beschwerdebriefe. Entschuldigungsschreiben. Empfehlungsbriefe. Erkundigungen und Auskunftserteilungen. Rundschreiben. Unfallanzeigen. Mahnbriefe. Mahnverfahren und Klage. Eingaben an Behörden. Bewerbungsgesuche. Postsendungen. Beförderung von Gütern auf den Eisenbahnen.

Einfache Buchführung: Zweck der Buchführung. Die Geschäftsbücher der einfachen Buchführung. Einrichtung und Führung der einzelnen Bücher. Geführt werden von den Schülern: Inventarien-, Tage-, Kassa- und Hauptbuch. Das Notwendigste aus der Lehre vom Wechsel.

Krankenversicherung. Unfallversicherung. Invalidenversicherung. Die Bestimmungen der Gewerbeordnung über die gewerblichen Arbeiter. Das Gewerbegericht. Patent-, Muster- und Markenschutz. Das für den Gewerbetreibenden Notwendige aus Verfassung und Verwaltung. Abschnitte aus der Volkswirtschaftslehre im Anschluß an das Lesebuch.

Aufsatz: Arbeiten aus vorstehendem Lehrstoff. Beschreibungen im Anschluß an den technischen Fachunterricht.

Rechnen.

Wiederholung der Grundrechnungsarten mit unbenannten und benannten Zahlen. Dezimalbruch. Gewöhnlicher Bruch. Regeldetri. Prozent-, Zins- und Rabattrechnung. — Münz-, Maß- und Gewichtsrechnungen. Kostenberechnungen. Das Notwendigste aus der Wechselrechnung. Verteilungsrechnung. — Übungen im Kopfrechnen.

Mathematik.

Algebra. Einführung in die Rechnung mit Buchstabenzahlen. Positive und negative Größen. Die vier Grundrech-

nungsarten mit allgemeinen Zahlen. Ausziehen von Quadratwurzeln. Addition von Brüchen. Gleichungen ersten Grades
mit einer Unbekannten. Einfache Proportionen. Potenzen
mit ganzen positiven Exponenten. Die Lehre von den
Wurzeln. Die Lehre von den Gleichungen. Übungen im
Rechnen mit Benutzung der mathematischen Tabellen in
technischen Kalendern.

Planimetrie. Winkelarten, Winkelpaare, Winkel an
Parallelen. Die Deckungsgesetze. Das gleichschenklige und
gleichseitige Dreieck. Die Arten des Vierecks. Das Parallelogramm. Das Trapez. Flächenberechnung gradliniger Vielecke.
Der Pythagoräische Lehrsatz.

Kreislehre: Sehnen- und Winkelsätze. Die Tangente.
Das Kreisviereck. Ähnlichkeitslehre: Proportionen am Dreieck.
Ähnlichkeitssätze. Das rechtwinklige Dreieck. Proportionen
am Kreise. Kreisteilungen. Die Zahl π und die Berechnung
des Kreisumfangs und des Kreisinhalts. Konstruktions- und
Berechnungsaufgaben.

Trigonometrie. Die trigonometrischen Funktionen
und einfache Beziehungen zwischen denselben. Auflösung
des rechtwinkligen Dreiecks.

Stereometrie. Berechnung der Oberfläche und des
Inhalts der fünf einfachen Körper. Die Guldin'sche Regel.
Gewichtsberechnungen.

Physik.

Allgemeine Eigenschaften der Körper. Gewicht. Spezifisches Gewicht. Kohäsion, Adhäsion und Kapillarität.
Kommunizierende Gefäße. Luftdruck. Manometer. Bodendruck, Seitendruck und Auftrieb der Flüssigkeiten. Experi-
mentelle Ableitung der Gesetze der Mechanik fester Körper.

Wirkungen und Maß der Wärme. Ausdehnung durch
die Wärme. Veränderung des Aggregatzustandes. Das Verhalten des Wassers bei dem Erwärmen.

Gesetze der Dampfbildung, gesättigte und ungesättigte
Dämpfe. Fortpflanzung der Wärme.

Quellen, Verbreitung und Geschwindigkeit des Lichtes.
Lichtstärke und ihre Messung. Spiegel, Linse, Prisma und
die für die Technik wichtigen optischen Instrumente.

Chemie.

Unterschied zwischen physikalischen und chemischen Vorgängen. Element und chemische Verbindung. Die Metalloide, besonders Wasserstoff, Sauerstoff, Schwefel, Stickstoff, Phosphor, Kohlenstoff, Kiesel; ihre wichtigsten Verbindungen. Die Metalle und ihre Verbindungen, soweit sie für die Maschinentechnik von Wichtigkeit sind.

Mechanik.

Bewegungslehre. Die gleichförmige Bewegung. Die gleichförmig beschleunigte und gleichförmig verzögerte Bewegung. Der freie Fall und der senkrechte Wurf. Der horizontale Wurf.

Die Elemente der Statik fester Körper. Ursprung und Arten der Kräfte. Das Maß der Kräfte. Zusammensetzung und Zerlegung von Kräften in einer Ebene. Statisches Moment. Gleichgewichtsbedingungen. Schwerpunkt und Schwerpunktsbestimmungen. Stabilität. Die gleitende Reibung mit Einschluß der Zapfenreibung. Die rollende Reibung. Die einfachen Maschinen: der Hebel, das Rad an der Welle, die Rolle, die schiefe Ebene, der Keil und die Schraube. Die Hebelverbindungen und ihre Anwendungen.

Die Elemente der Statik flüssiger Körper. Fortpflanzung des Druckes. Bodendruck, Seitendruck. Der Auftrieb und das Schwimmen.

Die Elemente der Dynamik fester und flüssiger Körper. Kraft und Masse. Von der mechanischen Arbeit. Umsetzung der mechanischen Arbeit in lebendige Kraft. Bewegung auf der schiefen Ebene. Zentrifugalkraft und Zentrifugalpendel. Ausfluß des Wassers und der Gase aus Gefäßen. Bewegung des Wassers und der Gase in Rohrleitungen.

Festigkeitslehre. Einleitung. Die Zug-, Druck- und Scherfestigkeit. Die einfachen Fälle der Biegungsfestigkeit und die Bestimmung von Trägheitsmomenten. Die Drehungsfestigkeit und die Resultate der Zerknickungsfestigkeit. — Bei den Aufgaben finden die Maschinenelemente besondere Berücksichtigung.

Elektrotechnik.

Die Wirkungen des elektrischen Stromes. Stromstärke. Spannung. Widerstand. Gesetze von Ohm und Joule. Stromverzweigungen. Akkumulatoren. Magnetismus und Elektromagnetismus. Meßinstrumente. Meßkunde. Induktionselektrizität. Dynamomaschinen und Motoren für Gleichstrom. Wcchselstrommaschinen. Transformatoren. Verteilungssystem und Installation. Beleuchtung. Elektrischer Antrieb bei Werkzeug- und Hebemaschinen, sowie bei Fahrzeugen.

Maschinenkunde.

a) **Maschinenelemente.** Es werden unter Benutzung von Modellen nach Zweck, Form, Material und Herstellung behandelt: Die Schrauben und Schraubenverbindungen. Die Keile und Keilverbindungen. Die Niete und Nietverbindungen.

Die Zapfen, Achsen und Wellen. Die Lager. Die Kupplungen. Die Zahnräder. Die Riemenscheiben und der Riementrieb. Die Seilscheiben und der Seiltrieb.

Die Pumpen- und Dampfkolben und die Kolbenstangen. Die Stopfbüchsen. Die Kurbeln und die Exzenter. Die Pleuelstangen. Die Kreuzköpfe und Geradführungen. Der Balancier. Röhren- und Röhrenverbindungen. Ventile, Hähne, Schieber und Klappen.

b) **Dampfkessel.** Wiederholung der Hauptsätze aus der Wärmelehre. Der Wasserdampf.

Die natürlichen Brennstoffe und der Verbrennungsprozeß. Der Feuerraum mit Rost und Aschenfall, die Züge und der Schornstein. Die Kesselsysteme. Die Heizfläche, die Rostfläche, der Querschnitt der Züge. Der Wasser-, der Dampf- und der Speiseraum. Festigkeitsrechnungen. Die Materialien für den Kesselbau. Die Herstellung der Kessel. Die Lagerung und die Einmauerung. Die Armatur. Die Speisung. Die Reinigung des Kesselspeisewassers. Vorwärmer. Die Wartung der Kessel. Die gesetzlichen Bestimmungen über Anlage und Betrieb der Dampfkessel.

c) **Hebemaschinen für feste und flüssige Körper** Zugorgane, Rollen, Trommeln, Sicherheitsvorrichtungen, Haken.

Kurbeln. Flaschenzüge. Räder-, Zahnstangen- und Schrauben-
winden. Die gebräuchlichsten Kransysteme. Kolbenpumpen.
Beschreibung der Rotations-, Zentrifugal- und kolbenlosen
Pumpen.

d) Dampfmaschinen. Einteilung der Dampfmaschinen.
Konstruktion und Größenbestimmung der einfachen Schieber-
steuerung und der wichtigsten Doppelschiebersteuerungen.
Die Umsteuerung mit und ohne Kulisse. Beschreibung der
wichtigsten Ventilsteuerungen. Konstruktion und Herstellung
des Dampfcylinders und des Maschinenbettes. Der Konden-
sator. Die Aufführung des Fundaments, die Aufstellung und
Wartung der Dampfmaschinen.

e) Hydraulische Motoren. Von der Bewegung des
Wassers in Flüssen und Kanälen. Beschreibung der wichtigsten vertikalen und horizontalen Wasserräder.

f) Gasmotoren. Beschreibung der wichtigsten Systeme.

Technologie.

Werkzeugmaschinenkunde. Allgemeines über Bau
und Montage der Maschinen. Die Antriebs-, Schalt-, Um-
steuerungs- und Abstellmechanismen. Besprechung der Drehbänke, der Bohr-, Fräs- und Schraubenbearbeitungsmaschinen,
der Hobel- und Stoßmaschinen, der Maschinen zur Blechbearbeitung, der Maschinensägen, der Holzhobel- und Stemm-
maschinen.

Hüttenkunde. Die künstlichen Brennstoffe. Die Roheisenerzeugung: Rohmaterialien. Der Hochofenbetrieb. Verarbeitung des Roheisens auf Schmiedeeisen und Stahl. Bereitung des Guß- und Zementstahls und des Tempergusses.
Kurzer Abriß der hüttenmännischen Gewinnung des Kupfers,
Bleies, Zinks, Zinns und Antimons aus ihren Erzen.

Der Eisengießereibetrieb: Rohmaterialien, die
Schmelzöfen, die Herd-, Kasten- und Schablonenformerei.

Der Schmiedeprozeß: Schmiedeverfahren, die Feuer,
die Werkzeuge und Geräte, die mechanischen Hämmer.

Der Walzprozeß: Antriebe und Formen der Walzen,
die Luppen-, Block-, Profileisen-, Blech- und Röhrenwalzwerke.

Das Ziehen von Draht und Röhren.

Materialienkunde. Eigenschaften und Verwendung des Eisens, Kupfers, Zinks und Zinns. Erläuterung der Festigkeitsprobiermaschinen. Vorschriften für Lieferungen. Die wichtigsten. Metallegierungen. Schmiermittel. Leder, Gummi, Schmirgel, Asbest.

Die Bearbeitung der Metalle und des Holzes mit besonderer Berücksichtigung neuerer Arbeitsmethoden im Maschinenbau. Dreharbeiten. Bohrarbeiten. Hobel- und Fräsarbeiten. Schleifarbeiten. Schlosserei- und Montagearbeiten. Schutzvorrichtungen. Übungen im Versuchsraum für Arbeitsmaschinen.

Baukonstruktionslehre.

Mauerkonstruktionen. Gewinnung und Eigenschaften der künstlichen und natürlichen Steine und ihre Verbindungsmittel. Die wichtigsten Mauerverbände. Mauerbögen. Preußische Kappe einschließlich gewölbter Decken. Fabrikschornsteine.

Holzkonstruktionen. Hauptarten und Eigenschaften der Hölzer. — Die wichtigsten Holzverbindungen. Hänge- und Sprengewerke in ihrer Verwendung zu Dachkonstruktionen. Die für die Fabrikbauten wichtigsten Dachdeckungen.

Eisenkonstruktionen. Material. Schutz gegen Feuer und Rost. Nietanordnungen. Träger und Säulen und deren Verbindungen. Eiserne Dachkonstruktionen einschließlich der Oberlichte. Wellblechdächer.

Veranschlagen.

Die Betriebsbücher. Grundsätze zur Ermittlung des Arbeitslohns und zur Bestimmung des Herstellungs- und Verkaufspreises.

Geometrisches Zeichnen, Technisches Freihandzeichnen und Projektionszeichnen.

Geometrisches Zeichnen: Geradlinige Flächenmuster. Kreise, Kreisteilung, Vielecke, Anschlußlinien. Übungen und Ausziehen von Kurven. Ellipse, Parabel, Hyperbel. Rollkurven. Maßstäbe und ihre Anwendungen. Tuschübungen.

Technisches Freihandzeichnen: Skizzen nach Wandtafelskizzen des Lehrers, Aufnahme einfacher Modelle, deren Formen den Maschinenbaukonstruktionen entlehnt sind. Eintragung der erforderlichen Maße in die Skizzen.

Projektionszeichnen: Die wichtigsten Sätze der darstellenden Geometrie. Ihre Anwendung auf die Darstellung von Punkten, Linien, Flächen und Körpern.

Schnitte von Linien, Ebenen unter sich und mit Körpern. Durchdringungen von Körpern.

Insbesondere Abwicklungen, Schnittkurven und Durchdringungskurven, die für die gebräuchlichen Konstruktionsformen Bedeutung haben.

Maschinenskizzieren und Maschinenzeichnen.

a) Maschinenelemente. Freihändiges Skizzieren nach Modellen und Anfertigung von Werkstattzeichnungen nach diesen Maßskizzen. Ergänzen und Abändern vorhandener Maschinenteile. Bearbeitung einfacher Aufgaben aus den Maschinenelementen unter besonderer Berücksichtigung der Transmission.

Als Unterrichtsmodelle dienen Originalausführungen hervorragender Fabriken.

b) Dampfkessel. Abwickelungen von Kesselblechen, Skizzieren und Zeichnen wichtiger Einzelteile.

c) Hebemaschinen. Skizzieren von Einzelteilen der Hebemaschinen. Anfertigung von Werkstattzeichnungen nach diesen Maßskizzen. Ergänzen und Abändern vorhandener Maschinen auf Grund einfacher Berechnungen.

d) Dampfmaschinen. Skizzieren und Zeichnen wichtiger Einzelteile. Zeichnen der einfachen Schiebersteuerungen unter Benutzung der vorhandenen Modelle. Anwendung der Schieberdiagramme.

e) Werkzeugmaschinenzeichnen. Anfertigung von Aufnahmeskizzen nach Einzelteilen verschiedener Werkzeugmaschinen und von Werkzeichnungen nach diesen Maßskizzen.

Rundschrift.

Die Schüler sollen die Rundschrift erlernen, da auf die Ausstattung der Zeichnungen mit einer korrekten Zierschrift Wert zu legen ist.

Praktische Übungen in den Laboratorien.

Übungen im physikalischen Laboratorium. Die Schüler sollen gute Meßinstrumente kennen; sie sollen beobachten und genau messen lernen, bevor sie an die selbständigen Übungen im elektrotechnischen und im Maschinenbaulaboratorium herantreten. Messungen von Längen, Flächen, Rauminhalten, Geschwindigkeiten, Drucken, Temperaturen und Wärmemengen.

Übungen im Maschinenbaulaboratorium. Einleitung: Der Indikator und das regelmäßige Indikatordiagramm. Die Einrichtung und Verwendung der verschiedenen Bremsen. Bestimmung der indizierten und der effektiven Leistung. Die Behandlung des Indikators und der Bremse.

Untersuchung der Versuchsdampfmaschine allein und in Verbindung mit dem Kessel. Fehlerhafte Diagramme der Versuchsdampfmaschine. Untersuchung der Dampfpumpe und Untersuchung von Injektoren. Übungen im Materialversuchsraum.

Übungen im elektrotechnischen Laboratorium. Strom-, Spannungs- und Widerstandsmessungen. Prüfung von Strom- und Spannungsmessern, sowie Elektrizitätszählern, Untersuchung von Bogen- und Glühlampen. Messungen an Dynamomaschinen, Elektromotoren und Transformatoren.

Für alle Übungen erhalten die Schüler Eintragungsformulare oder sie fertigen solche selbst an. Auch führen sie besondere Hefte für die Ausarbeitung der Untersuchungen. Die letzteren werden regelmäßig vorgelegt und vom Lehrer geprüft.

Samariterkursus.

Die Organe des menschlichen Körpers und ihre Tätigkeit. Erste Hilfe bei Verwundungen, Knochenbrüchen, Verrenkungen, Verstauchungen, Verbrennungen und beim Scheintode unter Berücksichtigung der verschiedenen Ursachen desselben. Die künstliche Atmung, das Anlegen von Notverbänden, der Transport von Kranken u. a. werden praktisch geübt.

Der Unterricht berücksichtigt überall die Notwendigkeit, den Verletzten so schnell wie möglich in die Hände eines Arztes überzuführen.

3. Stundenverteilungsplan für die dreiklassige Maschinenbauschule in Cöln.

Lehrgegenstände	Vorklasse		Untere Fachklasse		Obere Fachklasse	
	$\frac{1}{2}$ Semester = 10 Woch.	$\frac{1}{2}$ Semester = 10 Woch.	$\frac{1}{2}$ Semester = 10 Woch.	$\frac{1}{2}$ Semester = 10 Woch.	$\frac{1}{2}$ Semester = 10 Woch.	$\frac{1}{2}$ Semester = 10 Woch.
Deutsch	8	8	2	2	—	—
Rechnen	8	8	2	2	.	.
Schreiben	2	2	.	.	.	.
Geometrisches und projektivisches Zeichnen	22	.	6	.	.	.
Technisches Freihand- u. Fachzeichnen	.	22	.	.	.	.
Raumlehre	6	6	.	.	.	.
Physik	.	.	4	4	.	.
Chemie	.	.	4	.	.	.
Elektrotechnik	.	.	.	.	4	4
Mathematik	.	.	8	4	.	.
Mechanik u. Festigkeitslehre	.	.	.	8	4	4
Maschinenkunde. I. Maschinenteile, Vortrag und Übungen	.	.	18	18	.	.
II. Werkzeugmaschinen, Vortrag und Übungen	.	.	.	6	10	.
III. Dampfkessel- und Feuerungsanlagen, Vortrag u. Übungen	.	.	.	.	16	.
IV. Beschreibende Maschinenlehre: 1. Kraftmaschinen, Vortrag u. Übungen	.	.	.	.	.	16
2. Hebemaschinen, Vortrag u. Übungen	.	.	.	.	.	16
Technologie (Hütten- u. Materialienkunde	.	.	.	4	4	.
Buchführung, Veranschlagen	.	.	.	.	4	.
Baukonstruktionslehre	.	.	4	.	.	.
Gesetzeskunde	.	.	.	.	2	2
Übungen im Laboratorium	.	.	.	.	4	4
Samariterunterricht	.	.	.	.	.	2
	46	46	48	48	48	48

Die Semester sind nur da als in zwei Halbsemester zerlegt zu betrachten, wo der Unterrichtsgegenstand sich innerhalb des Semesters ändert.

4. Lehrstoff für die dreiklassige Maschinenbauschule in Cöln.

Deutsch.

Besprechung der wichtigsten Regeln über Satzbildung, Rechtschreibung und Anwendung der Satzzeichen. Einübung derselben durch Diktate, Übung in schriftlicher Wiedergabe gelesener oder erzählter Stücke; Um- und Nachbildungen. Selbständige Arbeiten beschreibenden Inhalts aus dem Gebiete des gewerblichen Lebens. Geschäftsbriefe, Berichte über technische Besichtigungen und Vorgänge; Eingaben, Verträge usw. Hier bietet sich Gelegenheit, die wichtigsten Bestimmungen des Post-, Telephon-, Telegraphen- und Eisenbahnverkehrs mitzuteilen.

Schreibübungen.

Rechnen.

Wiederholung der vier Grundrechnungsarten mit ganzen unbenannten und benannten Zahlen. Rechnen mit gewöhnlichen und Dezimalbrüchen, Resolution und Reduktion. Der gerade, umgekehrte und zusammengesetzte Dreisatz. Allgemeine Rechnung mit Prozenten. Gewinn- und Verlustrechnung; Zins- und Rabattrechnung; Verteilungs- und Mischungsrechnung. Numerische Berechnung algebraischer Formeln. Ganz besonders ist die Benutzung von Tabellen zur schnelleren Lösung rechnerischer Aufgaben zu üben.

Raumlehre.

Grundbegriffe. Die Lehre von der geraden Linie, den Winkeln und den Parallelen. Die wichtigeren Lehrsätze über das Dreieck; die Kongruenz der Dreiecke; das rechtwinklige und das gleichschenklige Dreieck. Das Viereck, besonders das Parallelogramm; die Gleichheit geradliniger Figuren. Der Pythagoräische Lehrsatz. Die Lehre vom Kreis. Konstruktions- und Berechnungsaufgaben.

Geometrisches und Projektionszeichnen.

Anleitung in der Benutzung der Zeichengeräte, Strichübungen und Konstruktionen geometrischer Aufgaben; Teilen von Linien und Winkeln; Errichten und Fällen von Loten,

Zeichnen von Maßstäben, Kreisaufgaben, insbesondere Tangentenkonstruktionen und Konstruktion der regelmäßigen Vielecke usw. Zeichnen der für das Maschinenfach wichtigen Kurven: Ellipse, Parabel, Hyperbel, Cycloiden, Evolventen. Die Schraubenlinie, Schraubenfläche, der Schraubenkörper, der spirale Cylinder. Die Elemente des Projizierens nach einer auf Anschauung begründeten Methode. Projektion von Flächen und Körpern. Durchdringungen mit besonderer Berücksichtigung der im Maschinen- und Kesselbau häufig vorkommenden Fälle; Konstruktion der Übergangsformen; Austragung der Mantelflächen.

Technisches Freihand- und Fachzeichnen.

Dieser Unterricht hat den Zweck, bei den Schülern die Fähigkeit zu entwickeln, Gegenstände des Faches ohne Zuhilfenahme von Zeichengeräten schnell und exakt zu skizzieren. Im Anfang wird das Skizzieren nach den Wandtafelzeichnungen des Lehrers geübt, und ist der Unterricht ein Massenunterricht, dann folgt das Skizzieren von gebräuchlichen Konstruktionsformen nach gegebenen Modellen. Die Gegenstände werden in zwei, wenn nötig in drei Ansichten dargestellt. Der Unterricht ist Einzelunterricht. Die Ausführung der Skizzen geschieht zunächst in Blei, später wird die Bleizeichnung mit der Schreibfeder nachgezogen, zuletzt erfolgt die Ausführung sofort mit der Feder. Das richtige Einschreiben der Maße, namentlich aber das richtige Anlegen der Skizze, von den Mittellinien aus, wird besonders beachtet. Nach den Skizzen werden von einzelnen Grundformen Werkzeichnungen angefertigt.

Experimental-Physik.

Die allgemeinen Eigenschaften der Körper, die wichtigsten Erscheinungen an festen, flüssigen und luftförmigen Körpern. Aus der Wärmelehre: Änderung des Volumens und des Aggregatzustands; Wärmemessung, -leitung und -strahlung. Besonders zu berücksichtigen sind die Verbrennung und die Dampfbildung.

Magnetismus.

Experimental-Chemie.

Erläuterung der chemischen Grundbegriffe. Die technisch wichtigeren Elemente und ihre Verbindungen.

Mathematik.

Algebra. Die Grundrechnungsarten mit allgemeinen Zahlen, Proportionen, Potenzen, Quadratwurzeln aus Zahlen. Gleichungen 1. Grades mit einer Unbekannten. Wiederholungen.

Planimetrie. Wiederholung der Lehre vom Dreieck, Viereck, Vieleck und Kreis. Proportionalität und Ähnlichkeit· Übungen und Wiederholungen.

Stereometrie. Berechnung der Oberflächen und Inhalte der Körper nach gegebenen Formeln und mit besonderer Berücksichtigung technisch wichtiger Formen; Gewichtsberechnungen. Übungen in der Benutzung von Tabellen.

Mechanik und Festigkeitslehre.

Bewegungslehre. Die gleichförmige und die ungleichförmige Bewegung. Der freie Fall.

Statik fester Körper. Grundbegriffe. Zusammensetzung und Zerlegung von Kräften, welche an demselben oder an verschiedenen fest miteinander verbundenen Punkten in der Ebene wirken. Bedingungen des Gleichgewichts. Statisches Moment und Kräftepaar. Schwerpunktsbestimmungen. Stabilität, Reibung. Die einfachen Maschinen.

Dynamik fester Körper. Begriff der mechanischen Arbeit. Arbeitsgleichung. Bewegung der Massen durch Augenblicks- und Dauerkräfte. Das Wesen der angesammelten Arbeit. Zentrifugalkraft. Stoß.

Statik und Dynamik flüssiger Körper. Fortpflanzung des Druckes, Bodendruck, Seitendruck, Auftrieb, Schwimmer, Ausfluß des Wassers.

Festigkeitslehre. Elastizität und Festigkeit der Materialien; Erklärung der Bezeichnungen Trag- und Bruchmodul, zulässige Spannung, Sicherheit. Die Zug-, Druck- und Biegungsfestigkeit werden in den einfachsten Anwendungen an Hand von Beispielen und mit Übung in der Benutzung von Kalendern und Tabellen, aber ohne Herleitung der mathematischen Begriffe und Formeln gelehrt.

Maschinenkunde.

I. Lehre von den Maschinenteilen.

Vortrag: Nach Zweck, Form, Material und Herstellung werden behandelt:

1. Verbindungsmittel (Niete und Nietverbindungen, Schrauben und Schraubenverbindungen, Keile und Keilverbindungen).
2. Maschinenteile zum Tragen und zum Verbinden von Wellen und Achsen (Zapfen und Zapfenverbindungen, Zapfenlager, Lagerstühle, Kupplungen).
3. Mittel zur Aufnahme und zur Fortleitung von Flüssigkeiten (Röhren und deren Verbindungen, Absperrvorrichtungen, als: Ventile, mit besonderer Berücksichtigung der Steuerventile, Klappen, Schieber, Hähne, Cylinder und Stopfbüchsen).
4. Maschinenteile der geradlinigen Bewegung, sowie zur Umwandlung der geradlinigen Bewegung in eine drehende, und umgekehrt (Pumpen- und Dampfkolben; Kolbenstangen, Pleuelstangen und deren Köpfe; Kurbeln und Excenter; Geradführungen, Kreuzköpfe, Schlitten und Schlittenbahnen; Gelenkführungen; Balanciers).
5. Maschinenteile zur Übertragung der drehenden Bewegung von einer Welle auf eine andere (Zahnräder, Reibungsräder, Riemscheiben, Seilscheiben und Schnurscheiben; Transmissionen).

Übungen: In den Übungen sind im Anschluß an den Vortrag Maschinenteile zu skizzieren und zu zeichnen, und zwar mit Benutzung von Modellen und nach eigenen Aufnahmen von Maschinenteilen. Es ist besonders Wert darauf zu legen, daß die Schüler Gewandtheit im freihändigen Skizzieren von Maschinenteilen erlangen und nach den eigenen Skizzen Werkzeichnungen anzufertigen vermögen; ferner

darauf, daß die Maße richtig und an richtiger Stelle einge-
schrieben werden.

II. Werkzeugmaschinen.

Vortrag: Die Werkzeugmaschinen zur Bearbeitung der
Metalle und des Holzes werden nach Konstruktion, Zweck
und Benutzungsweise eingehend besprochen; besondere Beachtung finden die Bewegungsmechanismen und die Antriebe. Besondere Berücksichtigung der Spezialwerkzeug-
maschinen.

Übungen: Skizzieren und Zeichnen von wesentlichen
Einzelteilen der im Vortrag behandelten Werkzeugmaschinen
nach Wandtafelskizzen, Werkzeichnungen und eigenen Aufnahmen. Aufnahme einfacher Werkzeugmaschinen.

III. Dampfkessel- und Feuerungsanlagen.

Vortrag: Die Brennstoffe und die Verbrennung mit
besonderer Berücksichtigung der Vorgänge beim Dampfkessel-
betrieb. Die Dampferzeugung. Eigenschaften des Wasser-
dampfes. Die gebräuchlichsten Dampfkessel, ihre besonderen
Konstruktions- und Betriebseigenschaften. Einmauerung und
Lagerung der Dampfkessel, Feuerraum mit Rost; Züge,
Schornstein, grobe und feine Armatur, Sicherheitsvorrichtungen, Wartung und Behandlung in und außer dem Betriebe;
gesetzliche Bestimmungen, Vorschriften für Kesselwärter.

Übungen: Skizzieren der im Vortrag behandelten
Dampfkessel nebst Zubehör und ihrer Einmauerung unter Benutzung von Werkzeichnungen mustergültiger ausgeführter Anlagen. Betriebsberichte.

IV. Beschreibende Maschinenlehre.

1. Kraftmaschinen.

Vortrag: Dampfmaschinen: Die verschiedenen
Arten der Dampfmaschinen, Konstruktion des Dampfcylinders
ohne und mit Mantel; Schieber- und Ventilkasten; Gestelle
liegender und stehender Dampfmaschinen. Kondensations-
vorrichtung; die Steuerungen und ihre Beeinflussung durch
den Regulator. Schmiervorrichtungen. Fundamentierung,

Aufstellung und Wartung der Dampfmaschinen. Zweck und Handhabung des Indikators, des Bremsdynamometers.

Wassermaschinen: Die Zu- und Ableitung des Wassers. Konstruktion und Verwendung der gebräuchlicheren Wasserräder und Turbinen.

Gasmaschinen: Konstruktion, Wirkungsweise, Aufstellung und Wartung der Gas-, Petroleum- und Benzinmaschinen.

Übungen: Skizzieren wichtiger Einzelteile der im Vortrag behandelten Kraftmaschinen mit besonderer Berücksichtigung der Dampfmaschine (Dampfcylinder, Steuerung). Anfertigung von Werkzeichnungen solcher Teile nach eigenen Aufnahmen. Betriebsberichte.

2. Hebemaschinen.

Vortrag: Mittel zum Heben fester Körper: Flaschenzüge, Winden, Krane, Aufzüge. Die zur Verwendung kommenden Zugmittel, Brems-, Sperr- und Sicherheitswerke. Die verschiedenen Antriebe.

Mittel zum Heben flüssiger Körper. Die gebräuchlichsten Kolbenpumpen und kolbenlosen Pumpen, deren Antrieb und Wartung.

Übungen: Von den im Vortrag behandelten Maschinen werden in gleicher Weise, wie bei den Kraftmaschinen, die wichtigen Einzelteile skizziert und in Werkzeichnungen dargestellt, auch einfache Winden, Krane und Pumpen nach Maßskizzen aufgezeichnet. Berichte.

Technologie (Hütten- und Materialienkunde).

Gewinnung und Aufbereitung der Eisenerze. Der Hochofenprozeß. Die Herstellung und die Eigenschaften des Schweißeisens, Flußeisens und des Stahls. Schmiedbarer Guß. Die Eigenschaften des Kupfers, Zinns, Zinks, Bleies, sowie der für den Maschinenbau wichtigen Legierungen.

Eigenschaften anderer wichtiger Baustoffe, wie Steine, Holz, Leder, Mörtel (Zement und Traß), Kitte, Schmiermittel, Gummi usw.

Verarbeitung der Metalle auf Grund ihrer Schmelzbarkeit. Die Gießerei: Herstellung der Modelle aus Holz und Metall, das Schwindmaß, Herstellung der Formen; das Formen in Sand, Masse und Lehm; die Herd- und Kastenformerei; das Formen mittels Schablonen und Maschinen; Röhrenformerei; Schmelzen und Vergießen des Eisens; die Kupol-, Flamm- und Tiegelöfen; die Trockenöfen.

Verarbeitung der Metalle auf Grund ihrer Dehnbarkeit durch Schmieden, Walzen und Pressen. Schmiedefeuer, Schweißöfen, Schmiedewerkzeuge, mechanische Hämmer, Stoß- und Druckwerke, Pressen, Röhren- und Drahtzüge, Walzwerke.

Materialprüfungswesen in seiner Anwendung auf die gebräuchlichsten Metalle des Maschinenbaues.

Baukonstruktionslehre.

Die einfachsten bei Fabrikbauten vorkommenden Konstruktionen in Holz, Stein und Eisen, einschließlich der Gründungen und Dachdeckungen, werden an der Hand eines Leitfadens vorgetragen und durch Zeichnungen erläutert.

Elektrotechnik.

Erklärung der grundlegenden Begriffe der Elektrotechnik. Erzeugung und Verwendung des elektrischen Stromes. Elektromotoren. Aufspeicherung und Umformung des Stromes. Elektrische Lampen. Hilfsvorrichtungen und Meßinstrumente. Leitung und Verteilung des Stromes, Verhaltungsmaßregeln für die Bedienung elektrischer Anlagen. Sicherheitsvorschriften.

Werkstattbuchführung.

Selbstkostenberechnung. Die Schüler werden mit der Führung von Werkstattbüchern, Material-, Akkord- und Lohnlisten, sowie mit den Grundlagen der Selbstkostenberechnung im Maschinenbau bekannt gemacht.

Gesetzeskunde.

Die wesentlichsten Bestimmungen der Unfall-, Alters-, Invaliditäts- und Krankenversicherung, des Haftpflichtgesetzes und des die Verhältnisse der gewerblichen Arbeiter regelnden Teiles der Gewerbeordnung. Gewerbeaufsicht.

Samariterunterricht.
(Wie bei den vierklassigen Maschinenbauschulen.)

D. Abend- und Sonntagsschulen für Maschinenbauer, Schlosser, Schmiede und Hüttenarbeiter.

Für diese Anstalten ist weder der Stundenverteilungsplan noch der Lehrstoff einheitlich festgesetzt. Es ist vielmehr die Aufstellung des Lehrplans für jede Anstalt der betreffenden Direktion überlassen, damit sich die Schulen möglichst den örtlichen Verhältnissen anpassen können. Jedoch soll der Unterricht nach den Grundsätzen erteilt werden, welche unter III. E. für die Behandlung des Lehrstoffs an den Anstalten mit 2 semestrigem Kursus zur Weiterbildung von Arbeitern der Maschinenindustrie entwickelt sind.

Die mit den Maschinenbauschulen oder Hüttenschulen verbundenen Abend- und Sonntagsschulen sollen den doppelten Zweck verfolgen:

1. Schüler soweit vorzubilden, daß sie die unterste Klasse der Maschinenbauschule oder Hüttenschule überspringen und so die Zeit, während welcher sie zu ihrer Ausbildung der praktischen Tätigkeit entzogen sind, um ein halbes Jahr abkürzen können (vergl. II. F. 2.).

2. Schüler, welche nicht beabsichtigen, eine Tagesschule zu besuchen, durch Zeichen- und sonstigen Fachunterricht möglichst gut für ihren Beruf auszubilden.

Die mit den höheren Maschinenbauschulen und den Handwerkerschulen verbundenen Abend- und Sonntagsschulen für Arbeiter der Maschinen- und Hüttenindustrie befassen sich lediglich mit der zweiten Aufgabe.

E. Schulen mit 2 semestrigem Kursus zur Weiterbildung von Arbeitern der Maschinenindustrie.

1. Stundenverteilungsplan.

Lehrgegenstände	1. Hälfte des 1. Semesters	2. Hälfte des 1. Semesters	2. Semester
1. Deutsch	6	6	2
2. Gewerbliche Gesetzeskunde	.	.	2
3. Rechnen:			
a) Bürgerliches Rechnen	3	3	.
b) Buchstaben-Rechnen	6	2	.
c) Raumlehre	6	2	.
4. Naturlehre	5	3	4
5. Mechanik	.	6	3
6. Festigkeitslehre	.	4	.
7. Maschinenkunde:			
a) Maschinenelemente	.	10	.
b) Dampfkessel	.	.	3
c) Hebemaschinen	.	.	4
d) Dampfmaschinen	.	.	4
e) Hydraulische Motoren	.	.	1
f) Kraftgasmotoren	.	.	1
g) Werkzeugmaschinen	.	.	2
8. Technologie	.	.	6
9. Vorbereit. Zeichn. u. Skizzieren / Projektionszeichnen	22	.	.
10. Maschinenskizzieren u. Zeichnen:			
a) Maschinenelemente	.	12	4
b) Dampfkessel	.	.	
c) Hebemaschinen	.	.	10
d) Dampfmaschinen	.	.	
e) Werkzeugmaschinen	.	.	
11. Kalkulation	.	.	1
12. Samariterunterricht	.	.	1
Summe	48	48	48

Die Positionen 7 b) bis g) der 2. Semester-Spalte sind mit einer Klammer zu (15) zusammengefaßt.

2. Lehrstoff und Behandlung des Lehrstoffs.

Der Kürze der Zeit entsprechend, die für den Unterricht
zur Verfügung steht, kann es sich nicht um eine Schule
handeln, die Bureautechniker oder gar Konstrukteure ausbildet.
Vielmehr wird die Schule den mitten im praktischen Betriebe
Stehenden einen Unterricht bieten müssen, der sie befähigt,
Zeichnungen und Skizzen zu verstehen, sodaß sie danach
arbeiten können, Skizzen einfacher Maschinenteile sachgemäß
anzufertigen und einen Betriebsbericht zu erstatten. Auch
wird ihnen der Unterricht einen Überblick über die be-
kanntesten Konstruktionen und die Betriebsweise der Maschinen
unter möglichster Begründung geben müssen. Der Unterricht
wird sich daher vorwiegend auf beschreibende Maschinenlehre,
Skizzieren und Zeichnen erstrecken. Entwerfen ist vollständig
auszuschließen. Rechnen in den Fachgegenständen ist nur
soweit zuzulassen, als es mit den Kenntnissen möglich ist, die
in den vorbereitenden Fächern erworben worden sind. Jedenfalls soll dieses Rechnen nicht als Hauptsache betrachtet
werden, sondern nur hin und wieder zeigen, daß die Grundsätze der Mechanik bei einer Konstruktion oder einem Betriebsvorgang Anwendung finden — ein Konstruktionsrechnen
soll es nicht sein.

Als Unterrichtsfächer sind zu wählen:
1. Deutsch,
2. Gewerbliche Gesetzeskunde,
3. Rechnen, einschließlich des Wissenswerten aus der
   Buchstabenrechnung und der Raumlehre,
4. Naturlehre,
5. Mechanik,
6. Festigkeitslehre,
7. Maschinenkunde,
8. Technologie,
9. Vorbereitendes Skizzieren und Zeichnen, Projektionszeichnen,
10. Maschinenskizzieren und Maschinenzeichnen,
11. Kalkulation,
12. Samariterunterricht.

Um einerseits die Schüler vor dem Beginn des Fachunterrichts mit den erforderlichen mathematischen Begriffen bekannt zu machen und ihnen vorher eine gewisse Fertigkeit im Skizzieren und Zeichnen beizubringen und andererseits den Beginn des Fachunterrichts nicht zu weit hinauszuschieben, ist das I. Semester in zwei Hälften geteilt. In der ersten Hälfte wird nur vorbereitender Unterricht betrieben, während in der zweiten Hälfte bereits der Fachunterricht beginnt.

Zu den einzelnen Fächern des Lehrplans ist folgendes zu erwähnen:

1. Deutsch.

Der Unterricht soll einen doppelten Zweck verfolgen:

Übung in der Rechtschreibung, im richtigen Gebrauch der Satzzeichen und der richtigen Satzbildung,

Befähigung des Schülers, eine einfache Beschreibung technischen Inhalts zu liefern, einen Betriebsvorgang zu schildern und einen einfachen Geschäftsbrief anzufertigen.

2. Gewerbliche Gesetzeskunde.

Krankenversicherung, Unfallversicherung, Invaliden- und Altersversicherung, Gewerbeordnung und zwar insbesondere Arbeiterschutzgesetzgebung.

3. Rechnen.

Bürgerliches Rechnen. Grundrechnungsarten mit unbenannten und benannten Zahlen, gewöhnliche Brüche, Dezimalbrüche, Regeldetri, Prozent-, Zins- und Rabattrechnung, Verteilungsrechnen, Münz-, Maß- und Gewichtsrechnungen.

Buchstabenrechnen. Der Schüler ist darauf hinzuweisen, daß man statt mit unbenannten, absoluten Zahlen auch mit Buchstaben rechnen kann, und daß dieses Rechnen gegenüber dem Zahlenrechnen Vorteile bietet, wenn es sich darum handelt, Beziehungen zwischen Größen herzustellen, deren Zahlenbewertung man noch nicht kennt oder von vornherein noch nicht angeben will. Er ist auch mit dem Begriff der Formel bekannt zu machen.

Zu behandeln sind: Positive, negative Größen, die vier Rechnungsarten mit allgemeinen Zahlen, Klammerausdrücke, Buchstabenbrüche, Begriff der Potenzen, Wurzeln, Gleichungen 1. Grades mit einer Unbekannten, Tabellenrechnen. Bestimmung von Werten aus Formeln.

Raumlehre. Auf Beweisführungen ist kein zu großer Wert zu legen, wenigstens soll nicht vom Schüler verlangt werden, daß er jeden Satz selbständig beweisen kann, es genügt, wenn er den Beweis versteht und den Satz anwenden kann. Es sind zu behandeln: Begriff des Punktes, Linie, Winkel, Winkelpaare, Winkel an Parallelen, Deckungsgesetze, gleichschenklige und gleichseitige Dreiecke, Vierecke (Parallelogramm, Trapez), Flächenberechnung geradliniger Figuren, Pythagoräischer Lehrsatz, Kreislehre, Ähnlichkeitslehre, Kreisteilungen, Kreisumfang und Kreisinhalt.

Berechnung der Oberfläche und des Inhalts der fünf einfachen Körper.

Der Unterricht im Buchstabenrechnen und in der Raumlehre soll sich auf das beschränken, was für den Fachunterricht (Mechanik und Maschinenkunde) erforderlich ist. Er soll sich nicht die Aufgabe stellen, die Schüler soweit vorzubilden, daß sie vollständig selbständig operieren können, sondern er soll sie mit den mathematischen Begriffen, soweit sie im Fachunterricht gebraucht werden, vertraut machen und sie befähigen, den dort vorkommenden Entwicklungen mit Verständnis zu folgen und die gewonnenen Ergebnisse anzuwenden. Die Rechnungen und Konstruktionen sollen nicht schwieriger sein als diejenigen, die im Fachunterricht Anwendung finden.

Um dieser Forderung gerecht werden zu können, hat sich der Lehrer, welcher den Unterricht erteilt, genau darüber zu unterrichten, welcher Art die im Fachunterricht vorkommenden Entwicklungen und Aufgaben sind. Zu diesem Zwecke empfiehlt es sich, daß er die von den Schülern seiner Anstalt oder einer anderen niederen technischen Anstalt angefertigten Nachschriften in den Fächern Mechanik und Maschinenkunde und die dort gerechneten Aufgaben genau durcharbeitet. Er wird dann erkennen, daß sich die Anwendung der Buchstabenrechnung und der Raumlehre auf die einfachsten Fälle beschränkt, daß z. B. Multiplikationen großer, komplizierter Klammerausdrücke, Divisionen algebraischer Summen, schwierige Bestimmungen von Generalnennern, Gleichungen mit verwickelten Klammerausdrücken und vielen Nennern sowie schwierige geometrische Konstruktionen dort nicht vorkommen und daher auch aus den Aufgaben in der Buchstabenrechnung und in der Raumlehre ferngehalten werden können.

Da die meisten Lehrbücher für die Mathematik weit über die gekennzeichneten Ziele hinausgehen, so ist es wünschenswert, daß der Lehrer sich den Lehrgang und die Aufgaben nach dem Bedürfnis für den Fachunterricht selbst zusammenstellt.

4. Naturlehre.

Dem Experiment ist ein breiter Raum zu gewähren, auf mathematische Deduktionen ist möglichst zu verzichten.

Zu behandeln sind: Allgemeine Eigenschaften der Körper, kommunizierende Gefäße, Luftdruck, Manometer, Bodendruck, Seitendruck, Auftrieb der Flüssigkeiten, Ausfluß des Wassers aus Gefäßen, Bewegung des Wassers in Rohrleitungen.

Wirkungen und Maß der Wärme, Gesetze der Dampfbildung.

Quellen, Verbreitung und Geschwindigkeit des Lichtes, Lichtstärke und ihre Messung.

Reibungselektrizität, Entstehung des elektrischen Stromes, Wirkungen, Stromstärke, Spannung, Widerstand. Ohmsches Gesetz, Joule'sches Gesetz. Stromverzweigungen, Akkumulatoren, Magnetismus und Elektromagnetismus, Meßinstrumente für grobe Messungen, Dynamomaschinen und Elektromotoren für Gleichstrom, Ein- und mehrphasige Wechselstrommaschinen, Transformatoren, Elektrische Leitung, Installation, Beleuchtung, Kraftübertragung.

Unterschied zwischen physikalischen und chemischen Vorgängen. Element und chemische Verbindung: Wasserstoff, Sauerstoff, Schwefel, Stickstoff, Phosphor, Kohlenstoff,

Kiesel. Besonders eingehend ist der Verbrennungsprozeß zu behandeln. Chemische Verbindungen der für die Technik wichtigen Metalle.

5. Mechanik.

Bewegungslehre: Gleichförmige Bewegung, gleichförmig beschleunigte und gleichförmig verzögerte Bewegung (Freier Fall).

Statik fester Körper: Kraft, Maß der Kraft, Zusammensetzung und Zerlegung der Kräfte. Statisches Moment Gleichgewichtsbedingungen, Schwerpunkt, Schwerpunkt des Vierecks, Dreiecks, des Halbkreises. Bestimmung des Schwerpunkts von Querschnitten, die aus Rechtecken zusammengesetzt sind. Stabilität. Gleitende Reibung (Zapfenreibung), Hebel, Wellrad, Rolle. Schiefe Ebene, Keil und Schraube.

Dynamik fester Körper: Kraft und Masse. Mechanische Arbeit, Beziehung zwischen mechanischer Arbeit und lebendiger Kraft. Zentrifugalkraft und Zentrifugalpendel.

Mechanik der Flüssigkeiten: Fortpflanzung des Druckes, Druck auf die Gefäßwandungen. Auftrieb und Schwimmen.

Zum Unterricht in der Mechanik ist im allgemeinen zu bemerken, daß er die Schüler mit den vorkommenden Begriffen bekannt und vertraut machen soll. Er soll nicht so gehandhabt werden, daß der Lehrer ein Gesetz allgemein beweist und es dann als Beispiel auf einen Spezialfall anwendet, sondern daß er von einem Spezialfall ausgeht und hieran den Beweis führt.

Der Schüler soll befähigt werden, die Gesetze der Mechanik auf Aufgaben, die möglichst dem Gebiete der Maschinenkunde zu entnehmen sind, anzuwenden, es sind daher möglichst viele Aufgaben zu rechnen.

Der Unterricht in der Mechanik wird am besten dem Lehrer übertragen, der den Unterricht in Hebemaschinen erteilt, weil gerade dieses Fach die meiste Gelegenheit zur Anwendung der Gesetze der Mechanik bietet.

6. Festigkeitslehre.

Zug-, Druck- und Scheerfestigkeit, Biegungsfestigkeit, Torsionsfestigkeit und Zerknickungsfestigkeit. Bei den Übungsaufgaben sollen die Maschinenelemente möglichste Berücksichtigung finden.

Zur Behandlung der Festigkeitslehre ist zu erwähnen, daß die Entwicklung der Formeln für die Biegungsfestigkeit, Torsion und Knickfestigkeit und die Entwicklung von Trägheitsmomenten vollkommen ausgeschlossen ist. Die Formeln und die Werte für die Trägheitsmomente müssen gegeben werden.

Wohl wird es dem Lehrer möglich sein, bei der Besprechung des Widerstandsmoments anzugeben, daß und weshalb dieses beim Rechteck dem Produkte aus der Fläche und Höhe und beim Kreise dem Kubus des Radius proportional ist.

Bei der Behandlung der Bestimmung des gefährlichen Querschnitts hat der Lehrer sich möglichste Beschränkung aufzuerlegen, er darf nur die Fälle herausgreifen, die später im Fachunterricht vorkommen.

Es empfiehlt sich, die Festigkeitslehre parallel dem Unterricht in den Maschinenelementen gehen zu lassen. Der Unterricht in den beiden Gegenständen wird daher am besten von demselben Lehrer erteilt.

7. Maschinenkunde.

Der Unterricht ist der Hauptsache nach nur beschreibend zu erteilen. Es schließt dies aber nicht aus, daß an der einen oder anderen Stelle die Anwendung der Gesetze der Mechanik und der Festigkeitslehre gezeigt wird, doch soll kein systematisches Berechnen getrieben werden. Modelle sind beim Unterricht fleißig zu verwenden.

Maschinenelemente. Der Zweck, die Form, das Material und die Herstellung der nachfolgenden Maschinenteile sind eingehend zu besprechen:

Schrauben, Keile, Niete.

Zapfen, Achsen, Wellen, Lager, Kuppelungen, Zahnräder (das allgemeine Verzahnungsgesetz, Konstruktion eines

zugehörigen Zahnprofils zu einem gegebenen sind fortzu-
lassen, es sind nur die hier in der Praxis vorkommenden
Fälle der Cykloiden- und Evolventenverzahnung zu behandeln),
Riemenscheiben, Riementrieb, Seilscheiben, Seiltrieb.

Kolben und Kolbenstangen, Stopfbüchsen, Kreuzköpfe,
Geradführungen, Schubstangen, Kurbeln, Excenter.

Röhren, Ventile, Hähne, Schieber, Klappen.

Dampfkessel. Brennstoffe, Verbrennungsprozeß.

Feuerraum mit Rost und Aschenfall, Züge und Schornstein, Kesselsysteme, Heizfläche, Rostfläche, Querschnitt der
Züge. Wasser-, Dampf- und Speiseraum. Material und Herstellung der Kessel. Lagerung und Einmauerung. Armatur.
Speisung, Reinigung des Speisewassers. Vorwärmer. Wartung
der Kessel. Gesetzliche Bestimmungen über Anlage und
Betrieb der Dampfkessel.

Hebemaschinen. Zugorgane, Rollen, Trommeln,
Sicherheitsvorrichtungen, Haken, Kurbeln, Flaschenzüge,
Räder-, Zahnstangen- und Schraubenwinden, Krane.

Kolbenpumpen (mit geradlinig hin- und hergehendem
Kolben und rot. Kolben), kolbenlose Pumpen (Centrifugal-
pumpen, Widder, Injektoren).

In diesem Unterrichte sind einzelne Beispiele herauszu-
greifen und durch Berechnen die Anwendung der Mechanik
darzutun, z. B. Bestimmung der Beziehung zwischen der Last
und der Kraft an der Kurbel bei einer gewöhnlichen Räder-
winde, Berechnung eines Laufkranträgers auf Biegung.
Bestimmung der Fördermenge und des Arbeitsbedarfs für
eine Pumpe.

Dampfmaschinen. Einteilung der Dampfmaschinen.
Einfache Muschelschiebersteuerung, Meyer'sche und Rider'sche
Schiebersteuerungen mit Müller'schem Schieberdiagramm.
Umsteuerungen. Ventilsteuerungen, Gestaltung und Herstellung des Dampfcylinders und des Maschinenrahmens, Kon-
densator, Maschinenfundament, Aufstellung und Wartung der
Dampfmaschinen, Indikator. Bremse. Untersuchung und Bestimmung der Arbeitsleistung der Dampfmaschinen durch Indizieren und Bremsen.

Hydraulische Motoren. Die wichtigsten „Wasserräder" und „Turbinen".

Gaskraftmaschinen. Die modernen Systeme der Leuchtgas-, Gichtgas-, Benzin- und Petroleummotoren.

Werkzeugmaschinen. Antriebs-, Schalt-, Umsteuerungs- und Abstellmechanismen, Drehbänke, Bohr-, Fräs-, Schraubenschneidemaschinen, Hobel- und Stoßmaschinen, Maschinen zur Blechbearbeitung. Kaltsägen, Maschinen zur Bearbeitung des Holzes.

8. Technologie.

Hüttenkunde. Gewinnung des Roheisens: Verarbeitung des Roheisens zu schmiedbarem Eisen, Temperguß, Gußstahl, Zementstahl.

Eisengießerei. Formerei. Gießerei.

Schmiedeprozeß. Schmiedeverfahren, die Feuer, Werkzeuge und Geräte, mechanische Hämmer.

Walzprozeß Antrieb und Form der Walzen. Luppen-, Block-, Profil-, Blech- und Röhrenwalzwerke.

Ziehen von Draht und Röhren.

9. Vorbereitendes Zeichnen und Skizzieren.

Linearzeichnen. Geradlinige Flächenmuster, Kreise, Kreisteilung, Vielecke, Anschlußlinien. Ellipse, Parabel, Hyperbel, Rollkurven, Maßstäbe und ihre Anwendungen. Tuschübungen.

Skizzierübungen. Einfache Modelle, deren Formen den Maschinenbaukonstruktionen entlehnt sind, werden aufgenommen und mit Maßen versehen.

Projektionszeichnen. Nach einzelnen der vorerwähnten Skizzen werden Reinzeichnungen angefertigt. Im Anschluß daran werden die wichtigsten Sätze der darstellenden Geometrie entwickelt. Besonders zu betonen sind: Abwicklungen, Schnittkurven und Durchdringungskurven, aber nur soweit, als sie für die landläufigen Konstruktionsformen Bedeutung haben.

10. Fachskizzieren und Fachzeichnen.

Der künftigen Tätigkeit des Schülers entsprechend ist die Hauptzeit auf das Skizzieren zu verwenden. Das Skizzieren und Zeichnen soll nur reproduktiv sein.

Dem Schüler wird ein mustergültiges Modell zur Verfügung gestellt, dieses hat er in den erforderlichen Rissen· und Schnitten aufzunehmen (in natürlicher Größe oder in verkleinertem Maßstabe) und mit den richtigen Maßen zu versehen. Nach diesen Maßskizzen kann dann eine Werkstattzeichnung angefertigt werden, doch soll der Schüler bei Anfertigung der Zeichnung das Modell nicht mehr benutzen. Es ist nicht erforderlich, daß nach allen Skizzen eine Zeichnung gemacht wird, ebensowenig braucht jede Zeichnung ausgezogen und mit Farben angelegt zu werden, in manchen Fällen hat man sich auf eine saubere Ausführung in Blei- und Buntstift zu beschränken.

Das Skizzieren und Zeichnen hat sich auf Maschinenelemente, Dampfkessel, Hebemaschinen, Dampfmaschinen und Werkzeugmaschinen zu erstrecken und zwar nur auf Einzelteile aus diesen Gebieten. Ein ganzer Dampfkessel nebst Einmauerung, eine Zusammenstellung einer Dampfmaschine, einer Werkzeugmaschine oder eines Kranes usw. sind z. B. nicht zu zeichnen. Als Modelle sind möglichst Nachbildungen aus Holz und in verkleinertem Maßstab zu vermeiden, es sind möglichst mustergültige Originalausführungen, wie sie an den Maschinenbauschulen in Gebrauch sind, zu benutzen.

11. Kalkulation.

Betriebsbücher. Grundsätze zur Ermittelung des Arbeitslohnes, zur Bestimmung des Herstellungs- und des Verkaufspreises.

12. Samariterunterricht.

(Wie bei den vierklassigen Maschinenbauschulen.)

Um den Schülern zu ermöglichen, den in der Schule behandelten Lehrstoff zu Hause zu wiederholen, können zwei Verfahren eingeschlagen werden:

1. der Lehrer diktiert den Schülern nach der Besprechung kurz den Inhalt des mit ihnen behandelten Pensums. Die Skizzen sind von den Schülern zu gleicher Zeit mit dem Lehrer in Blei zu zeichnen und zu Hause auszuziehen. Diktat und Skizzen sind sofort in das sogenannte Lehrheft einzutragen, Ausarbeitungen zu Hause sind zu vermeiden. Der Lehrer hat die Lehrhefte in bestimmten Zeiträumen nachzusehen und die Verbesserung der darin enthaltenen Fehler zu veranlassen;

2. den Schülern werden gedruckte Lehrhefte, die einen kurz gefaßten Text und die erforderlichen Skizzen enthalten, in die Hand gegeben. In diesem Falle haben die Schüler zur Übung die vom Lehrer an der Schultafel zu entwerfenden Skizzen gleichzeitig mit diesem in ein zu diesem Zwecke besonders geführtes Heft einzutragen. Reinhefte für schriftliche häusliche Arbeiten sind nicht zu führen. Eine Abschlußprüfung nach dem zweiten Semester findet nicht statt, die Schüler erhalten nur ein Schlußzeugniß, in dem die einzelnen Fächer und die darin erteilten Noten enthalten sind.

IV. Ordnungen der Prüfungen, welche an den Anstalten abgehalten werden.

a) Ordnung der Prüfung zum Nachweis der für die Aufnahme in die höheren Maschinenbauschulen erforderlichen Kenntnisse.

1. Allgemeine Bestimmungen.

§ 1.

Die Prüfung soll jungen Leuten, die nicht die Reife für die Obersekunda einer höheren Lehranstalt der allgemeinen Unterrichtsverwaltung besitzen, Gelegenheit geben, die zur

Aufnahme in die höhere Maschinenbauschule erforderlichen Kenntnisse nachzuweisen.

Wer die Prüfung besteht, erhält ein Prüfungszeugnis (vergl. § 17 a. E.). Inhaber des Prüfungszeugnisses werden bei der Aufnahme in die höhere Maschinenbauschule in gleicher Weise berücksichtigt, wie die jungen Leute, welche die Reife für Obersekunda haben. Die Berücksichtigung geschieht lediglich in der Reihenfolge der Anmeldungen.

§ 2.

Die Prüfung wird bis auf weiteres an den von dem Minister für Handel und Gewerbe bestimmten Preußischen Maschinenbauschulen, und zwar an jeder Anstalt mindestens einmal (in den Monaten Januar oder Juni) abgehalten. Die in Aussicht genommenen Termine sind bis zum 1. November und bis zum 1. April von den Direktionen der betreffenden Anstalten dem Minister für Handel und Gewerbe anzuzeigen. Sie werden von diesem nach Genehmigung durch das Ministerialblatt der Handels- und Gewerbeverwaltung bekannt gegeben.

§ 3.

Die Kommission zur Abhaltung der Reifeprüfungen besteht aus dem Direktor der Schule und den prüfenden Lehrern.

§ 4.

Zur Prüfung können nur junge Leute zugelassen werden, die mindestens zwei Jahre in einer mechanischen Werkstätte beschäftigt gewesen sind.

Das Gesuch um Zulassung zur Prüfung ist vier Wochen vor Beginn der Prüfung unter Beifügung einer Geburtsurkunde, eines polizeilichen Führungszeugnisses, eines Lebenslaufs und der Zeugnisse über den Schulbesuch und über die praktische Ausbildung dem Direktor einzureichen. In seinem Gesuche hat der Antragsteller anzugeben, ob er sich bereits früher zur Prüfung gemeldet hat. Gegebenenfalls ist anzugeben, an welcher Anstalt er sich gemeldet hat, ob er nicht zur Prüfung zugelassen worden ist — und zwar aus welchen Gründen — oder ob er die Prüfung nicht bestanden hat. Nachweisliche falsche Angaben hierüber ziehen den Ausschluß von der Prüfung nach sich.

Die Prüfungskommission entscheidet über die Zulassung zur Prüfung. Die Zurückweisung kann wegen Nichterfüllung der für die Vorbildung geltenden Vorschriften (Abs. 1), wegen mangelnder sittlicher Reife, wegen wiederholten Nichtbestehens der Prüfung, sowie endlich aus dem Grunde erfolgen, daß ein Gesuch nicht den in den §§ 12 und 17 für das Bestehen der Prüfung gestellten Forderungen entspricht.

Der Direktor teilt denjenigen, die sich gemeldet haben, bis spätestens acht Tage vor dem Beginn der Prüfung mit, ob ihnen die Ablegung der Prüfung gestattet wird oder ob und aus welchen Gründen sie zurückgewiesen werden.

Vor dem Beginn der schriftlichen Prüfung hat jeder Prüfling eine Prüfungsgebühr von 20 ℳ an die Schulkasse zu entrichten.

§ 5.

Die Prüfung zerfällt in einen schriftlichen, einen zeichnerischen und einen mündlichen Teil.

Die schriftliche und die zeichnerische Prüfung findet unter Aufsicht der Lehrer statt. Über die Vorgänge bei den unter Klausur abzuhaltenden schriftlichen und zeichnerischen Arbeiten, wird ein Protokoll von den vom Direktor dazu bestimmten Lehrern geführt. Das Protokoll muß die Namen der Prüflinge, den Wortlaut der in den einzelnen Fächern zu bearbeitenden Aufgaben (event. unter Beifügung der gegebenen Skizzen) als Anlagen, die Namen der die Aufsicht führenden Lehrer, Vermerke über den Beginn der Arbeitszeit und über Unterbrechungen derselben und Angaben darüber enthalten wann die Prüfungsarbeiten von den einzelnen Prüflingen abgegeben worden sind.

§ 6.

Für jede der zu bearbeitenden Aufgaben werden von den betreffenden Fachlehrern Vorschläge ausgearbeitet und dem Direktor zur Genehmigung vorgelegt.

Bei den Klausurarbeiten darf nur ein von dem Minister für Handel und Gewerbe genehmigtes Tabellenbuch benutzt werden.

Vor Beginn der schriftlichen Prüfung hat der Direktor die Prüflinge vor der Benutzung unerlaubter Hilfsmittel zu warnen und sie auf die Folgen aufmerksam zu machen, welche dieselbe nach sich zieht. Prüflinge, die sich bei der Anfertigung der schriftlichen Prüfungsarbeiten nachweislich unerlaubter Hilfsmittel bedient haben, werden von der weiteren Prüfung ausgeschlossen. Ebenso wird mit denjenigen Schülern verfahren, welche einem Prüfling bei einem derartigen Täuschungsversuche nachweislich unterstützt haben.

In Fällen, wo nur ein Verdacht gegen den Prüfling vorliegt, ist er von dem Direktor aufzufordern, neue Aufgaben zu bearbeiten, die von dem Direktor aus den vorgeschlagenen Aufgaben zu nehmen sind. Weigert er sich, so wird er von der weiteren Prüfung ausgeschlossen.

§ 7.

Die schriftlichen Arbeiten müssen spätestens zwei Tage vor dem Termin für die mündliche Prüfung von den prüfenden Lehrern durchgesehen und begutachtet dem Direktor eingereicht werden.

§ 8.

Die Zurückweisung von der mündlichen Prüfung kann erfolgen, wenn zwei Arbeiten der schriftlichen und zeichnerischen Prüfung „nicht genügend" ausgefallen sind.

Eine vollständige oder teilweise Befreiung von der mündlichen Prüfung findet nicht statt.

In der Regel sollen nicht mehr als zehn Prüflinge gleichzeitig mündlich geprüft werden.

§ 9.

Nach Beendigung der mündlichen Prüfung wird darüber Beschluß gefaßt, ob die Prüfung bestanden ist. Das Ergebnis der Prüfung wird gleich nach Schluß der Sitzung den Prüflingen mitgeteilt.

Die von dem Direktor unterzeichneten Zeugnisse sind den Prüflingen binnen einer Woche zuzustellen.

§ 10.

Über den Gang und die Ergebnisse der mündlichen Prüfung wird ein Protokoll aufgenommen. Dasselbe hat über den Inhalt der gestellten Fragen, sowie darüber, wie lange jeder Prüfling in jedem Prüfungsgegenstande geprüft worden ist und welches Prädikat ihm auf Vorschlag des prüfenden Lehrers von der Kommission erteilt worden ist, und über die Schlußberatung Auskunft zu geben.

Das Prüfungsprotokoll wird von sämtlichen Mitgliedern der Kommission unterzeichnet.

§ 11.

Eine einmalige Wiederholung der Prüfung ist statthaft.

2. Besondere Bestimmungen.

§ 1.

Prüfungsgegenstände.

1. Deutsch.

Die Prüflinge müssen der deutschen Schriftsprache derart mächtig sein, daß sie sich geläufig, ohne wesentliche Verstöße gegen Rechtschreibuung und Zeichensetzung, ausdrücken können. Namentlich müssen sie imstande sein, eine Beschreibung über einen Gegenstand oder einen Vorgang aus dem Gebiete der Technik nach kurzer Besprechung niederzuschreiben.

2. Rechnen.

Grundrechnungsarten mit unbenannten und benannten Zahlen, gewöhnliche und Dezimalbrüche, Dreisatz (Regeldetri), Prozent-, Zins- und Rabattrechnung, Verteilungsrechnen. Die deutschen Maße, Gewichte und Münzen. Sicherheit im Kopfrechnen.

3. Mathematik.

a) Algebra. Positive und negative Größen; die vier Grundrechnungsarten mit allgemeinen Zahlen. Ausziehen von Quadratwurzeln, Gleichungen ersten Grades mit einer und mehreren Unbekannten. Proportionen. Potenz-, Wurzel- und

Logarithmenrechnung. Gleichungen zweiten Grades mit einer Unbekannten.

b) **Planimetrie.** Winkelarten, Winkelpaare, Winkel an Parallelen. Kongruentsätze. Gleichseitiges, gleichschenkliges Dreieck, Viereck. (Parallelogramm, Trapez) Flächenberechnung geradliniger regulärer Vielecke. Der Pythagoräische Lehrsatz. Kreislehre (Sehnen- und Winkelsätze, Tangente, Kreisviereck). Ähnlichkeitslehre (Proportionen am Dreieck, Ähnlichkeitssätze, das rechtwinklige Dreieck, Porportionen am Kreise) Kreisteilungen. Die Zahl π. Berechnung des Kreisumfangs und Inhalts, Konstruktionsaufgaben.

c) **Trigonometrie.** Die trigonometrischen Funktionen und einfache Beziehungen zwischen ihnen. Auflösung des rechtwinkligen und des gleichschenkligen Dreiecks.

d) **Stereometrie.** Berechnung der Oberfläche und des Inhalts der fünf einfachen Körper.

4. Naturlehre.

a) **Physik.** Allgemeine Eigenschaften der Körper: Gewicht, spezifisches Gewicht, Kohäsion, Adhäsion und Kapillarität, kommunizierende Gefäße. Luftdruck. Manometer. Bodendruck, Seitendruck und Auftrieb der Flüssigkeiten. Wirkungen und Maß der Wärme: Ausdehnung durch die Wärme, Veränderung des Aggregatzustandes. Das Verhalten des Wassers bei der Erwärmung. Gesetze der Dampfbildung. Magnetismus: Gesetze der Anziehung und Abstoßung. Erzeugung von künstlichen Magneten. Der Kompaß. Reibungselektrizität: Positive, negative Elektrizität. Leiter und Nichtleiter. Influenz-Apparate zur Erzeugung der Elektrizität. Atmosphärische Elektrizität der Blitzableiter. Berührungselektrizität: Galvanische Elemente. Wirkungen des galvanischen Stromes, die Erzeugung von Elektrizität durch Magnetismus, Wärme und Induktion. Grundzüge der Galvanoplastik. Die elektrische Schelle. Der Telegraph.

b) **Chemie.** Unterschied zwischen physikalischen und chemischen Vorgängen. Element und chemische Verbindung. Wasserstoff, Sauerstoff, Schwefel, Stickstoff, Phosphor, Kohlenstoff und ihre wichtigsten Verbindungen.

5. Zeichnen.

Geradlinige Flächenmuster, Kreise, Kreisteilung, Vielecke, Anschlußlinien. Ellipse, Parabel, Hyperbel, Rollkurven. Maßstäbe. Tuschübungen. Sachgemäßes Skizzieren und Zeichnen von einfachen Modellen, deren Formen den Maschinenbaukonstruktionen entlehnt sind.

§ 2.
Aufgaben für die schriftliche Prüfung.
1. Deutsch.

Eine Beschreibung technischen Inhalts. (Nach kurzer vorheriger Besprechung des Stoffes.)

2. Rechnen.

3 Aufgaben aus den bürgerlichen Rechnungsarten.

3. Mathematik.

5 Aufgaben: 2 Aufgaben aus der Algebra, je eine Aufgabe aus der Planimetrie, Trigonometrie und Stereometrie.

4. Zeichnen.

Anfertigung einer Zeichnung und einer Skizze, gegebenenfalls nach Modellen.

§ 3.
Zeit für die schriftliche Prüfung.

Für Nr. 1: 4 Stunden.
Für Nr. 2: 3 Stunden.
Für Nr. 3: 5 Stunden.
Für Nr. 4: 4 Stunden.

§ 4.

Prüflinge, welche die Berechtigung zum Einjährig-Freiwilligendienst durch Ablegung der Prüfung vor der Prüfungskommission für Einjährig-Freiwillige erworben haben, sind von der schriftlichen Prüfung im Deutschen und im Rechnen zu entbinden; Prüflinge, welche durch selbstgefertigte Zeichnungen und Skizzen unzweifelhaft ihre Fertigkeit im grundlegenden Zeichnen nachweisen, können vom Direktor von der Prüfung im Zeichnen befreit werden.

§ 5.

Mündliche Prüfung.

Die mündliche Prüfung erstreckt sich auf folgende Fächer:

1. Rechnen.

Kopfrechnen. Aufgaben aus dem oben gekennzeichneten Gebiet.

2. Mathematik.

Aufgaben aus der Algebra, Planimetrie, Trigonometrie und Stereometrie, entsprechend den vorgenannten Anforderungen.

3. Naturlehre.

Fragen aus dem vorbezeichneten Gebiet in der Physik und Chemie.

3. Erteilung der Zensuren und der Befähigungszeugnisse.

§ 6.

Über die Erteilung der Zensuren für die gesamte Prüfung gelten folgende Bestimmungen:

Die Gesamtzensuren für die Leistungen in den einzelnen Fächern werden als Durchschnittsnoten aus den Noten für die Leistungen in der schriftlichen und mündlichen Prüfung gewonnen.

Für die sehr gute Beantwortung oder Bearbeitung einer Aufgabe ist die Nummer 4, für die gute 3, für die fast gute 2, für die genügende 1, und für die nicht genügende 0 zu geben.

Das Prädikat „bestanden" darf nur den Prüflingen erteilt werden, deren Leistungen in den Prüfungsgegenständen Deutsch und Mathematik mindestens die Zensur „fast gut" und in den Fächern Rechnen, Naturlehre und Zeichnen mindestens die Zensur „genügend" erhalten haben.

Das Zeugnis, welches über die erfolgreiche Ablegung der Prüfung ausgestellt wird, enthält über den Ausfall der Prüfung nur die Angabe, daß der Prüfling die Prüfung bestanden hat.

Die Noten in den einzelnen Prüfungsgegenständen werden nicht aufgenommen.

Abstufungen in der Art des Bestehens gibt es nicht.

b) Ordnung für die Reifeprüfungen.

1. Allgemeine Bestimmungen.

§ 1.

Die Reifeprüfung bildet den Abschluß des Lehrganges an der Anstalt. Durch sie soll festgestellt werden, ob die Prüflinge die fachliche Ausbildung erlangt haben, welche dem Lehrziele der Schule entspricht.

§ 2.

Die Kommission zur Abhaltung der Reifeprüfungen besteht aus

1. einem Vertreter der Staatsregierung, welcher den Vorsitz führt,
2. einem von dem Königlichen Regierungspräsidenten bestimmten Mitgliede des Schulkuratoriums,
3. einem Vertreter der Maschinen- oder der Hüttenindustrie des Bezirks, welcher dem Schulkuratorium angehören kann und von diesem auf die Dauer von zwei Jahren zu wählen ist,
4. dem Direktor der Schule, der auch den Vorsitzenden vertritt, wenn dieser verhindert ist,
5. den Lehrern, welche die Prüflinge in den Gegenständen der Prüfung unterrichtet haben. Sie müssen dem Vorsitzenden zwei Wochen vor dem Beginn der Prüfung namhaft gemacht werden.

Die Mitglieder der Prüfungskommission haben die Pflicht der Amtsverschwiegenheit.

§ 3.

Zur Reifeprüfung können nur Schüler, welche die erste Klasse der Anstalt mit Erfolg besucht und die erforderliche sittliche Reife haben, zugelassen werden. Das Gesuch um Zulassung zur Prüfung ist vier Wochen vor deren Beginn unter Beifügung eines Lebenslaufs und der Zeugnisse über die praktische Ausbildung dem Direktor einzureichen. Gleichzeitig ist eine Prüfungsgebühr von 10 Mk. an die Schulkasse zu entrichten.

Wenn ein Schüler nach dem einstimmigen Urteil des Direktors und der Lehrer, die ihn unterrichtet haben, die erforderliche sittliche und wissenschaftliche Reife nicht besitzt, so ist er vom Direktor von der Prüfung zurückzuweisen. Dem Vorsitzenden der Prüfungskommission ist hiervon Anzeige zu erstatten.

Dem zurückgewiesenen Schüler ist die Prüfungsgebühr zurückzuzahlen, ebenso einem Schüler, der aus irgend welchen Gründen vor dem Eintritt in die schriftliche Prüfung auf die Ablegung der Prüfung verzichtet. Rückzahlungen finden aus anderen Gründen nicht statt.

Die Entscheidung der Konferenz und die Lebensläufe der Prüflinge, sowie ein alphabetisches Verzeichnis der Prüflinge, welches deren Klassenleistungen enthält, sind vom Direktor zwei Wochen vor dem Beginn der mündlichen Prüfung dem Vorsitzenden der Prüfungskommission zu übersenden.

§ 4.

Die Prüfung zerfällt in einen zeichnerischen und schriftlichen und in einen mündlichen Teil. Die zeichnerische und schriftliche Prüfung beginnt spätestens vier Wochen, die mündliche einige Tage vor Schluß des Schuljahres.

In der Regel sollen nicht mehr als zehn Prüflinge gleichzeitig mündlich geprüft werden.

Die zeichnerische und schriftliche Prüfung findet unter Aufsicht der Lehrer statt. Über die Vorgänge bei der unter Klausur abzuhaltenden zeichnerischen und schriftlichen Prüfung wird ein Protokoll von den die Aufsicht führenden Lehrern geführt. Das Protokoll muß die Namen der Prüflinge, den Wortlaut der in den einzelnen Fächern zu bearbeitenden Aufgaben (gegebenenfalls unter Beifügung der gegebenen Skizzen), die Namen der aufsichtführenden Lehrer, Vermerke über den Beginn der Arbeitszeit und über Unterbrechungen derselben und Angaben darüber enthalten, wann die Prüfungsarbeiten von den einzelnen Prüflingen abgegeben worden sind.

Auf jeder schriftlichen und zeichnerischen Arbeit ist der Name des Prüflings, das Datum und die Arbeitszeit zu vermerken.

Von jeder Arbeit ist außer der Reinschrift auch der Entwurf abzuliefern.

§ 5.

Für jede der zu bearbeitenden Aufgaben werden von den betreffenden Fachlehrern drei Vorschläge ausgearbeitet und dem Direktor zur Genehmigung vorgelegt. Aus diesen drei Vorschlägen wählt der Vorsitzende der Prüfungskommission die zu stellende Aufgabe aus. Er sendet die Aufgaben jedes Faches mit dem Vermerk über die getroffene Wahl unter besonderem Verschluß dem Direktor zurück, der erst bei Beginn der zur Lösung bestimmten Zeit den Verschluß zu öffnen und die Aufgabe bekannt zu geben hat.

Bei den Klausurarbeiten dürfen — sofern nicht etwa nach den „Besonderen Bestimmungen“ dieser Prüfungsordnung für die Bearbeitung einer Aufgabe ausdrücklich andere Hilfsmittel zugelassen sind — nur die von dem Minister für Handel und Gewerbe genehmigten Tabellenbücher benutzt werden.

Vor Beginn der schriftlichen Prüfung hat der Direktor die Prüflinge vor der Benutzung unerlaubter Hilfsmittel zu warnen und sie auf die Folgen aufmerksam zu machen, welche dieselbe nach sich zieht. Prüflinge, die sich bei der Anfertigung der schriftlichen Prüfungsarbeiten nachweislich unerlaubter Hilfsmittel bedient haben, werden von der Prüfung ausgeschlossen. Ebenso wird mit denjenigen Schülern verfahren, welche einen Prüfling bei einem derartigen Täuschungsversuche nachweislich unterstützt haben. In Fällen, wo nur ein Verdacht gegen den Prüfling vorliegt, sind von demselben neue Aufgaben zu bearbeiten, die von dem Direktor aus den vorgeschlagenen Aufgaben zu nehmen sind. Ebenso kann mit den Prüflingen verfahren werden, die durch Krankheit verhindert waren, die schriftliche Prüfung gleichzeitig mit den Übrigen mitzumachen.

Die schriftlichen und zeichnerischen Arbeiten müssen spätestens vierzehn Tage vor dem Termin für die mündliche Prüfung von den prüfenden Lehrern durchgesehen und begutachtet dem Direktor eingereicht werden, der sie dem Vorsitzenden der Prüfungskommission übersendet. Dieser ist befugt, die den Prüfungsarbeiten erteilten Prädikate abzuändern.

§ 6.

Zur Kennzeichnung der Leistungen der Prüflinge dienen folgende Noten:

Für die „sehr gute" Bearbeitung einer Aufgabe oder Beantwortung einer Frage die Nummer 4, für die „gute" 3, für die „fast gute" 2, für die „genügende" 1 und für die „nicht genügende" 0.

§ 7.

Der mündlichen Prüfung geht eine Beratung und Beschlußfassung darüber voraus, ob einzelne der Prüflinge von der mündlichen Prüfung auszuschließen oder von der Ablegung ganz oder teilweise zu befreien sind.

Der Ausschluß eines Prüflings von der mündlichen Prüfung erfolgt, wenn für die Mehrzahl der Prüfungsgegenstände der schriftlichen und zeichnerischen Prüfung die Durchschnittsleistung aus dem Prüfungsergebnisse und den Klassenleistungen „nicht genügend" ist.

Die Befreiung in Fächern, die Gegenstand der schriftlichen Prüfung waren, kann eintreten, wenn entweder die schriftliche Prüfungsarbeit mit mindestens „fast gut" und die Klassenleistungen mit mindestens „genügend" oder die schriftliche Prüfungsarbeit mit mindestens „genügend" und die Klassenleistungen mit mindestens „fast gut" zensiert worden sind.

Die Befreiung in Fächern, die nicht Gegenstand der schriftlichen Prüfung waren, kann eintreten, wenn die Klassenleistungen mit mindestens „fast gut" zensiert worden sind.

Bei den Abstimmungen entscheidet die einfache Mehrheit, bei Stimmengleichheit die Stimme des Vorsitzenden.

§ 8.

Der Vorsitzende der Prüfungskommission bestimmt nach Anhörung des Direktors für die mündliche Prüfung die Reihenfolge der einzelnen Prüfungsgegenstände und die Prüfungsdauer.

Der Vorsitzende der Prüfungskommission ist befugt, Fragen an die Prüflinge zu richten.

§ 9.

Über die Erteilung der Zensuren für die gesamte Prüfung gelten folgende Bestimmungen:

Die Gesamt-Zensuren für die Leistungen in den einzelnen Fächern werden unter Berücksichtigung der Klassenleistungen und der Leistungen in der schriftlichen und mündlichen Prüfung festgestellt.

Die endgültige Note für das Maschinenskizzieren und Maschinenzeichnen wird nach den vorgelegten Skizzen und Zeichnungen von der Prüfungskommission erteilt.

§ 10.

Nach Beendigung der mündlichen Prüfung wird über die Zuerkennung des Reifezeugnisses Beschluß gefaßt. Das Ergebnis der Prüfung wird gleich nach Schluß der Sitzung den Prüflingen mitgeteilt. Die von den Mitgliedern der Prüfungskommission unterzeichneten Zeugnisse sind den Prüflingen binnen vier Wochen zuzustellen.

In die Reifezeugnisse werden außer den Urteilen über die Leistungen in den Prüfungsgegenständen auch die Urteile in den Fächern, die nicht Gegenstand der Prüfung waren, aufgenommen.

§ 11.

Über den Gang und die Ergebnisse der mündlichen Prüfung wird ein Protokoll aufgenommen. Dasselbe hat über die Vorberatung, den Inhalt der gestellten Fragen, über die Prädikate, welche dem Prüfling auf Vorschlag des Fachlehrers von der Kommission erteilt worden sind, und über die Schlußberatung Auskunft zu geben.

Das Prüfungsprotokoll wird von sämtlichen Mitgliedern der Kommission unterzeichnet.

§ 12.

Eine einmalige Wiederholung der Prüfung ist statthaft.

Wer die Prüfung nicht besteht, erhält auf besonderes Erfordern ein Klassenzeugnis und eine einfache Bescheinigung über den Besuch der Anstalt, die sich über Fleiß, Betragen und Schulbesuch ausläßt. Im Klassenzeugnis ist ausdrücklich darauf hinzuweisen, daß der Schüler die Prüfung nicht bestanden hat.

2. Besondere Bestimmungen.

A. Höhere Maschinenbauschulen.

§ 1.

Prüfungsgegenstände.

1. Mathematik.

a) Arithmetik: Verständnis der algebraischen Grundoperationen mit allgemeinen Größen. Praktische Fertigkeit in Ziffer- und Buchstabenrechnungen. Algebra bis zu den Gleichungen zweiten Grades mit mehreren Unbekannten einschließlich, insbesondere Übung im Ansatz und in der Umformung der Gleichungen. Die Reihenlehre bis zum binomischen Lehrsatz für negative und gebrochene Exponenten, Exponential- usw. Reihen in elementarer Begründung. Zinseszins- und Rentenrechnung.

b) Geometrie: Genaue Kenntnis der Lehrsätze und Aufgaben der Planimetrie, der Elemente der analytischen Geometrie, der Kegelschnitte und der für die Technik wichtigen Kurven.

c) Trigonometrie: Ableitung der wichtigsten Formeln der Goniometrie und der ebenen Trigonometrie. Gewandtheit in der Berechnung der Dreiecke und Vielecke.

d) **Stereometrie:** Kenntnis der Lehrsätze und Aufgaben der Stereometrie, insbesondere Fertigkeit in der Berechnung der einfachen Körper, Prisma, Cylinder, Pyramide, Kegel und Kugel. Allgemeine Methoden zur Berechnung von Körpern Gewichtsberechnungen.

2. Mechanik.

Kenntnis der Gesetze der elementaren Statik und Dynamik fester und flüssiger Körper und insbesondere der Gesetze der Festigkeitslehre. Elemente der Wärmemechanik. Übung in der Anwendung der in der Praxis üblichen Formeln.

3. Maschinenbaukunde.

Genaue Kenntnis der Maschinenelemente, ihrer Form, ihres Zwecks, Materials und ihrer Herstellung. Fertigkeit im Berechnen der Maschinenelemente.

Kenntnis des Baues und der Berechnung der Hebemaschinen, Dampfkessel und Dampfmaschinen.

Allgemeine Kenntnis der hydraulischen Motoren und der Kraftgasmotoren.

4. Mechanische Technologie.

Kenntnis der Arbeitsvorgänge in der Formerei, Gießerei, beim Schmieden, Walzen, Ziehen, Pressen. Kenntnis der wichtigsten Werkzeuge und Werkzeugmaschinen für die Bearbeitung der Metalle und des Holzes. Kenntnisse in der Eisenhüttenkunde und in der Materialienkunde.

5. Baukonstruktionslehre.

Kenntnis der Verbindungen in Stein, Holz und Eisen, der bei Fabrikgebäuden vorkommenden Gewölbe, Dächer, Treppen und Eisenkonstruktionen unter besonderer Berücksichtigung der Konstruktion der Eisenteile.

6. Elektrotechnik.

Die Grundgesetze der Elektrotechnik. Kenntnis der Dynamomaschinen, Elektromotoren, Transformatoren. Einrichtung und Betrieb elektrischer Beleuchtungs- und Kraftübertragungsanlagen.

§ 2.
Aufgaben für die schriftliche und zeichnerische Prüfung.

1. Mathematik.

Es werden vier Aufgaben gestellt, je eine aus den Gebieten der Algebra, Trigonometrie, Kurvenlehre und Stereometrie.

2. Mechanik.

Drei Aufgaben, je eine aus dem Gebiete der Statik, der Dynamik und der Festigkeitslehre.

3. Maschinenbaukunde.

Drei Aufgaben: a) Anfertigung der Werkstattzeichnung eines Maschinenelements in größerem Maßstabe oder in natürlicher Größe und Ausführung der dazu erforderlichen Festigkeitsrechnungen. Die Zeichnung ist nur in Blei auszuführen, die Materialien sind durch Buntstiftschraffur anzudeuten.

b) Durchführung der Berechnung eines Maschinenteils oder einer Maschine aus dem Gebiete der Hebemaschinen, Dampfkessel und Dampfmaschinen. Der Berechnung sind entweder Handskizzen oder eine maßstäbliche Zeichnung in Blei beizufügen.

c) Entwurf einer einfachen Maschine oder einzelner Hauptteile einer Maschine aus dem Gebiete der Dampfkessel, der Hebemaschinen- oder der Dampfmaschinenkunde nach gegebenem Programm. Die Aufgabe ist so zu wählen, daß sie keine besonderen Schwierigkeiten enthält, sich auch nicht auf besondere in der Praxis seltener vorkommende Fälle bezieht. Die Entwurfszeichnungen und die etwa anzufertigenden Zeichnungen von Einzelteilen sind mit Tusche auszuziehen, mit Materialfarben anzulegen und mit Maßen zu versehen. Dem Entwurf sind die ihm zugrunde liegenden Berechnungen beizufügen. Da aus der Bearbeitung dieser Aufgabe nur hervorgehen soll, ob der Prüfling sich die Gewandtheit erworben hat, Aufgaben seines Berufs genau aufzufassen und sie in gegebener Zeit mit richtiger Benutzung der ihm in der Praxis zur Verfügung stehenden Hilfsmittel zu lösen, so ist die Benutzung der Lehrhefte und eines sogenannten Fachkalenders bei der Bearbeitung dieser Aufgabe gestattet.

4. Mechanische Technologie.

Eine bis zwei Aufgaben aus dem Gebiete der Gießerei, des Schmiedens, des Walzens oder der Werkzeugmaschinenkunde. Der Beschreibung sind Skizzen in verkleinertem Maßstabe oder eine Werkzeichnung in natürlicher Größe in Blei und Buntstift beizufügen.

§ 3.
Zeit für die schriftliche Prüfung.

Für Nr. 1: ein Tag zu 6 Stunden ohne Unterbrechung.
Für Nr. 2: ein Tag zu 6 Stunden ohne Unterbrechung.
Für Nr. 3: je ein Tag zu je 8 Stunden ohne Unterbrechung für jede der beiden ersten Aufgaben.
  3 bis 4 Tage zu je 8 Stunden für die dritte Aufgabe.
Für Nr. 4: ein Tag (bei einer Aufgabe 8 Stunden ohne Unterbrechung, bei 2 Aufgaben je 4 Stunden für jede Aufgabe).

§ 4.
Mündliche Prüfung.

Die mündliche Prüfung erstreckt sich auf folgende Fächer:
1. Mathematik,
2. Mechanik,
3. Maschinenbaukunde,
4. Mechanische Technologie,
5. Baukonstruktionslehre,
6. Elektrotechnik.

§ 5.

Das Zeugnis der Reife mit dem Prädikat „bestanden" darf nur den Prüflingen erteilt werden, deren Gesamtleistungen in den Prüfungsgegenständen durchschnittlich die Zensur „genügend" erhalten haben, deren Gesamtleistungen in jedem der Fächer Mathematik, Mechanik, Maschinenbaukunde, Mechanische Technologie und Maschinenzeichnen aber mit mindestens „genügend" beurteilt worden sind.

Das Zeugnis der Reife mit dem Prädikat „gut bestanden" kann nur denen zuerkannt werden, die in der Maschinenbaukunde, in der mechanischen Technologie, in der

Mechanik, in der Mathematik und im Maschinenzeichnen die Gesamtnote „gut“ und in der Mehrzahl der übrigen Prüfungsgegenstände „fast gut“ erhalten haben.

Das Zeugnis der Reife mit dem Prädikat „mit Auszeichnung bestanden“ kann nur denen zuerkannt werden, die in der Maschinenbaukunde und in einem der Fächer Mathematik oder Mechanik die Gesamtnote „sehr gut“, in dem anderen Fache, in der mechanischen Technologie und im Maschinenzeichnen „gut“, in der Mehrzahl der übrigen Fächer „gut“, und in keinem Prüfungsgegenstande „nicht genügend“ erhalten haben.

B. Maschinenbauschulen.

1. Vierklassige Maschinenbauschulen.

§ 1.

Prüfungsgegenstände.

Deutsch.

Kenntnis der Geschäftsaufsätze, des Notwendigsten aus der einfachen Buchführung, der Wechsellehre und der gewerblichen Gesetzgebung.

2. Mathematik.

a) Algebra: Verständnis der vier Grundrechnungsarten mit allgemeinen Zahlen. Rechnen mit Buchstabenbrüchen, Potenzen und Wurzeln. Proportionen. Gleichungen 1. Grades mit einer und mit mehreren Unbekannten. Gleichungen 2. Grades mit einer Unbekannten. Übung im Tabellenrechnen.

b) Planimetrie: Winkelarten, Winkelpaare, Winkel an Parallelen. Kongruentsätze. Gleichschenkliges und gleichseitiges Dreieck. Vierecke (Parallelogramm, Trapez). Flächenberechnungen. Pythagoräischer Lehrsatz. Kreislehre (Sehnen- und Winkelsätze, Tangente, Kreisviereck). Ähnlichkeitslehre (Proportionen am Dreieck, Ähnlichkeitssätze. Proportionen am rechtwinkligen Dreieck und am Kreise). Kreisteilungen. Die Zahl π und die Berechnung des Kreisumfangs und Kreisinhalts.

c) **Trigonometrie:** Die trigonometrischen Funktionen und einfache Beziehungen zwischen denselben. Auflösung des rechtwinkligen Dreiecks.

d) **Stereometrie:** Berechnung der Oberfläche und des Inhalts der fünf einfachen Körper. Guldin'sche Regel.

3. Elektrotechnik.

Die Grundgesetze der Elektrotechnik. Dynamomaschinen, Elektromotoren, Transformatoren. Einrichtung und Betrieb der elektrischen Beleuchtungs- und Kraftübertragungsanlagen.

4. Mechanik.

Gesetze der elementaren Statik und Dynamik fester und flüssiger Körper. Die wichtigsten Gesetze der Festigkeitslehre.

5. Maschinenkunde.

Zweck, Form, Material und Herstellung der Maschinenelemente.

Bau und Betrieb der Hebemaschinen, Dampfkessel und Dampfmaschinen.

Einrichtung und Wirkungsweise der hydraulischen Motoren und der Kraftgasmotoren.

6. Mechanische Technologie.

Arbeitsvorgänge in der Formerei, Gießerei, beim Schmieden, Walzen, Ziehen, Pressen. Die wichtigsten Werkzeuge und Werkzeugmaschinen zur Bearbeitung der Metalle und des Holzes.

Das Wichtigste aus der Hüttenkunde.

§ 2.

Aufgaben für schriftliche und zeichnerische Prüfung.

1. Deutsch.

Ein Aufsatzthema aus der Geschäftskunde oder aus dem Berufsleben.

2. Mathematik.

Vier Aufgaben und zwar je eine aus Algebra, Planimetrie, Trigonometrie und Stereometrie.

3. Mechanik.

Vier Aufgaben und zwar zwei aus der Statik, eine aus der Dynamik und eine aus der Festigkeitslehre.

4. Maschinenkunde.

Zwei Aufgaben.

a) Ein Maschinenelement ist, ohne Zuhilfenahme eines Modells, einer Zeichnung oder Skizze in natürlicher Größe in den nötigen Rissen und Schnitten zu zeichnen und mit den zur Herstellung erforderlichen Maßen zu versehen. Die Zeichnung ist nur in Blei auszuführen, die Materialien sind durch Buntstiftschraffur anzudeuten.

Der Zeichnung ist eine kurze Beschreibung des Zwecks, der Form, des Materials und der Herstellung des Maschinenelements beizufügen.

b) Beschreibung und wo angängig auch Berechnung wichtiger Einzelteile aus dem Gebiete der Hebemaschinen-, Dampfkessel- und Dampfmaschinenkunde unter Beifügung von Freihandskizzen in verkleinertem Maßstabe, oder Anfertigung einer maßstäblichen Zeichnung aus den vorstehenden Gebieten. Die Zeichnung ist nur in Blei auszuführen, die Materialien sind mit Buntstift anzudeuten. Die zur Herstellung des gezeichneten Gegenstandes erforderlichen Maße sind einzutragen.

5. Technologie.

Ein bis zwei Aufgaben aus dem Gebiete der Gießerei, des Schmiedens und Walzens oder der Werkzeugmaschinenkunde. Der Beschreibung sind Skizzen in verkleinertem Maßstabe oder eine Werkstattzeichnung in natürlicher Größe in Blei und Buntstift beizufügen.

§ 3.

Zeit für schriftliche und zeichnerische Prüfung.

Für Nr. 1: ein halber Tag 4 Stunden.

Für Nr. 2: ein Tag (6 Stunden ohne Unterbrechung).

Für Nr. 3: ein Tag (6 Stunden ohne Unterbrechung).

Für Nr. 4: je ein Tag zu je 8 Stunden ohne Unterbrechung für jede Aufgabe.

Für Nr. 5: ein Tag (bei 2 Aufgaben je 4 Stunden für jede Aufgabe, bei 1 Aufgabe 8 Stunden ohne Unterbrechung).

§ 4.
Mündliche Prüfung.

Die mündliche Prüfung erstreckt sich auf folgende Fächer:

1. Deutsch,
2. Mathematik,
3. Elektrotechnik,
4. Mechanik,
5. Maschinenkunde,
6. Mechanische Technologie.

§ 5.

Das Zeugnis der Reife mit dem Prädikat „bestanden" darf nur den Prüflingen erteilt werden, deren Gesamtleistungen in den Prüfungsgegenständen durchschnittlich die Zensur „genügend" erhalten haben, deren Gesamtleistungen in jedem der Fächer Maschinenkunde, Mechanische Technologie und Mechanik aber mit mindestens „genügend" beurteilt worden sind.

Das Zeugnis der Reife mit dem Prädikat „gut bestanden" kann nur denen zuerkannt werden, die in der Maschinenkunde, in der Technologie, in der Mechanik und im Maschinenzeichnen die Gesamtnote „gut" und in der Mehrzahl der übrigen Prüfungsgegenstände „fast gut" erhalten haben.

Das Zeugnis der Reife mit dem Prädikat „mit Auszeichnung bestanden" kann nur denen zuerkannt werden, die in der Maschinenbaukunde und in der mechanischen Technologie die Gesamtnote „sehr gut", in der Mechanik, Mathematik und im Maschinenzeichnen „gut", in der Mehrzahl der übrigen Fächer „gut", und in keinem Prüfungsgegenstande „nicht genügend" erhalten haben.

2. Dreiklassige Maschinenbauschule in Cöln.

§ 1.
Prüfungsgegenstände.

1. Deutsch.

Die Fähigkeit, über eine Konstruktion oder einen Arbeits-
vorgang einen klaren Bericht anzufertigen.

2. Elektrotechnik.

Die Grundgesetze der Elektrotechnik. Dynamomaschinen,
Elektromotoren, Transformatoren. Einrichtung und Betrieb
der elektrischen Beleuchtungs- und Kraftübertragungsanlagen.

3. Mechanik.

Gesetze der elementaren Statik und Dynamik fester
und flüssiger Körper. Die wichtigsten Gesetze der Festigkeitslehre.

4. Maschinenkunde.

Zweck, Form, Material und Herstellung der Maschinenelemente. Bau und Betrieb der Hebemaschinen, Dampfkessel
und Dampfmaschinen. Einrichtung und Wirkungsweise der
hydraulischen Motoren und der Kraftgasmotoren. Die gebräuchlichen Werkzeuge und Werkzeugmaschinen zur Bearbeitung der Metalle und des Holzes.

5. Technologie.

Das Wichtigste aus der Eisenhüttenkunde. Die Arbeitsvorgänge in der Formerei, Gießerei, beim Schmieden,
Walzen, Ziehen, Pressen.

§ 2.
Aufgaben für die schriftliche und zeichnerische Prüfung.

1. Deutsch.

Der Bericht zu 3 b oder zu 4 wird auch als deutsche
Arbeit angesehen und als solche besonders zensiert.

2. Mechanik.

Vier Aufgaben, und zwar zwei aus der Statik, eine aus
der Dynamik und eine aus der Festigkeitslehre.

3. Maschinenkunde.

Zwei Aufgaben.

a) Ein Maschinenelement ist ohne Zuhilfenahme eines Modells, einer Zeichnung oder Skizze in natürlicher Größe in den nötigen Rissen und Schnitten zu zeichnen und mit den zur Herstellung erforderlichen Maßen zu versehen. Die Zeichnung ist nur in Blei auszuführen, die Materialien sind durch Buntstiftschraffur anzudeuten.

Der Zeichnung ist eine kurze Beschreibung des Zwecks, der Form, des Materials und der Herstellung des Maschinenelements beizufügen.

b) Beschreibung wichtiger Einzelteile aus dem Gebiete der Hebemaschinen-, Dampfkessel-, Dampfmaschinen- und Werkzeugmaschinenkunde unter Beifügung von Freihandskizzen in verkleinertem Maßstabe, oder Anfertigung einer maßstäblichen Zeichnung aus den vorstehenden Gebieten. Die Zeichnung ist nur in Blei auszuführen, die Materialien sind mit Buntstift anzudeuten. Die zur Herstellung des gezeichneten Gegenstandes erforderlichen Maße sind einzutragen.

4. Technologie.

Ein bis zwei Aufgaben aus dem Gebiete der Gießerei, des Schmiedens und Walzens. Der Beschreibung sind Skizzen in verkleinertem Maßstabe beizufügen.

§ 3.

Zeit für die schriftliche und zeichnerische Prüfung.

Für Nr. 2: ein Tag (6 Stunden ohne Unterbrechung).

Für Nr. 3: je ein Tag zu 8 Stunden ohne Unterbrechung für jede Aufgabe.

Für Nr. 4: ein Tag (bei zwei Aufgaben je 4 Stunden für jede Aufgabe, bei einer Aufgabe 8 Stunden ohne Unterbrechung).

§ 4.

Mündliche Prüfung.

Die mündliche Prüfung erstreckt sich auf folgende Fächer:

1. Elektrotechnik,
2. Mechanik,
3. Maschinenkunde,
4. Technologie.

§ 5.

Das Zeugnis der Reife mit dem Prädikat „bestanden" darf nur den Prüflingen erteilt werden, deren Gesamtleistungen in den Prüfungsgegenständen durchschnittlich die Zensur „genügend" erhalten haben, deren Gesamtleistungen in jedem der Fächer Maschinenkunde, Technologie und Mechanik aber mit mindestens „genügend" beurteilt worden sind.

Das Zeugnis der Reife mit dem Prädikat „gut bestanden" kann nur denen zuerkannt werden, die in der Maschinenkunde, in der Technologie, in der Mechanik und im Maschinenzeichnen die Gesamtnote „gut" und im Deutschen nicht unter „genügend" erhalten haben.

Das Zeugnis der Reife mit dem Prädikat „mit Auszeichnung bestanden" kann nur denen zuerkannt werden, die in der Maschinenbaukunde und in der Technologie die Gesamtnote „sehr gut", in der Mechanik und im Maschinenzeichnen „gut", im Deutschen „gut", in keinem Prüfungsgegenstande „nicht genügend" erhalten haben.

V. Schulgesetze für die höheren Maschinenbauschulen, Maschinenbauschulen und die Hüttenschulen.

§ 1.

Jeder Schüler ist verpflichtet, innerhalb wie außerhalb der Schule die Gebote des Anstands und der guten Sitte zu befolgen. Den Lehrern der Anstalt ist er Ehrerbietung und Gehorsam schuldig.

§ 2.

Der Besuch des Unterrichts muß regelmäßig und pünktlich sein, auch haben sich die Schüler an den von dem

Direktor angeordneten Fachausflügen und Schulfeiern zu beteiligen. Wünscht ein Schüler von einzelnen Unterrichtsstunden beurlaubt zu werden, so hat er sich an den Klassenlehrer zu wenden; die Beurlaubung auf einen Tag oder mehrere Tage erfolgt nur durch den Direktor. Fehlt der Schüler wegen Krankheit, so ist dem Klassenlehrer spätestens am zweiten Tage davon Anzeige zu erstatten; dieser ist berechtigt, ein ärztliches Zeugnis zu verlangen.

§ 3.

Die notwendigen Bücher und sonstigen Lernmittel, sofern sie nicht von der Schule geliefert werden, muß sich der Schüler nach Anweisung der Schule anschaffen.

§ 4.

Für den infolge nachweislich fahrlässiger Beschädigungen von Schuleigentum entstehenden Schaden ist Ersatz zu leisten.

Leihweise übergebene Gegenstände müssen in gutem Zustande zurückgegeben werden.

§ 5.

Der Aufenthalt in den Schulräumen außerhalb der Unterrichtszeit ist nur mit Erlaubnis des Direktors gestattet.

§ 6.

Das Rauchen auf dem Schulwege, im Schulgebäude oder im Schulhofe ist nicht gestattet.

§ 7.

Auswärtige Schüler und alleinstehende Schüler dürfen ihre Wohnung nur mit Genehmigung des Direktors wählen und verändern. In einem Wirtshause Wohnung zu nehmen ist nicht gestattet.

§ 8.

Der Beitritt zu einem Verein darf nur nach eingeholter Erlaubnis des Direktors geschehen. Die Teilnahme an Vereinigungen studentischer Art hat sofortige Entlassung zur Folge.

§ 9.

Zu gemeinsamen Veranstaltungen von Schülern ist vorher die Erlaubnis des Direktors nachzusuchen.

§ 10.

Tritt ein Schüler während des Semesters aus, ohne dem Direktor unter Angabe der Gründe hiervon Anzeige zu erstatten, so erlischt jeglicher Anspruch auf ein Zeugnis, auch findet eine Wiederaufnahme des Schülers nicht statt.

§ 11.

Die von der Schule zu erkennenden Strafen sind:

1. Verweis durch den Lehrer oder den Direktor.
2. Verweis vor der Lehrerkonferenz.
3. Androhung der Verweisung, welche bei Minderjährigen dem gesetzlichen Stellvertreter des Schülers mitgeteilt wird.
4. Verweisung von der Anstalt. Ein von einer preußischen Anstalt wegen Unfleiß oder schlechten Betragens entlassener Schüler kann nur mit der Genehmigung des Ministers für Handel und Gewerbe an einer anderen preußischen Anstalt gleicher Organisation wieder aufgenommen werden.

§ 12.

Die Schüler haben die Bestimmungen der von dem Direktor nach Anhörung des Kuratoriums unter Zustimmung des Regierungspräsidenten etwa erlassenen Hausordnung oder sonstiger Vorschriften zu beachten.

Berlin, den 19. November 1901.

Der Minister für Handel und Gewerbe.

Möller.

Muster für die Ausfüllung des Anmeldescheines.

Erste Seite.

Aufnahmeliste Nr. [2]) ....

Königliche Vereinigte Maschinenbauschulen Elberfeld-Barmen.

Anmeldeschein

für

Abteilung I: Höhere Maschinenbauschule. [1])

Aufnahme mit Beginn des *Winter*-Semesters *1905/06*.

1. Vor- und Zunahme: *Wilhelm Schulten.*
2. Konfession: *Evangelisch.*
3. Geburtstag und -Jahr: *2. März 1886.*
4. Geburtsort: *Biebrich a. Rhein.* Kreis: *Wiesbaden.*
5. Name und Stand des Vaters: *Wilhelm Schulten sen., Rentner.*
   (bezw. Mutter, bezw. Vormund)
6. Jetziger Wohnort desselben: *Wiesbaden, Rheinstr. 282.*
   (nebst Straße und Nummer)
7. An welcher Schule ist die Berechtigung zum einjährigen Dienst, bezw. die Befähigung zur Aufnahme in die höhere Maschinenbauschule erworben? (mit Datum des Zeugnisses): *Kgl. Realgymnasium in Wiesbaden (28. März 1903).*
8. Dauer der praktischen Vorbildung in Monaten
   a) in der Werkstatt: *24 Monate.*
   b) im Zeichenbureau: *6 Monate.*
9. Genaue Adresse des sich Anmeldenden: *Wilhelm Schulten jun. bei Herrn Wilhelm Schulten sen., Wiesbaden, Rheinstr. 282.*

---

   1. Dieser Schein ist bei **Anmeldung frankiert** an die **Direktion** zu senden.

   2. Der Anmeldung sind das **Zeugnis über die Versetzung nach Obersekunda** (bezw. das Reifezeugnis einer 6 klassigen Realschule) oder ein Zeugnis über die Befähigung zur Aufnahme, sowie die **Zeugnisse über praktische Vorbildung** beizufügen.

   3. Die Anmeldungen finden nach der Reihenfolge ihres Einganges Berücksichtigung.

   [2]) 4. Der Unterricht beginnt am ...., den .... morgens .... Uhr. Der sich Anmeldende hat sich pünktlich zu diesem Termine einzufinden.

   5. Beim Eintritt ist ein behördliches Führungszeugnis vorzulegen.

   Ferner ist das Schulgeld für das erste Quartal mit 37,50 M. zu entrichten.

---

   [1]) Diese Seite ist nur bei Anmeldung für die Abteilung I auszufüllen.
   [2]) Diese Rubriken werden von der Direktion ausgefüllt.

[1]) Mit der Anmeldung meines Sohnes

Wilhelm Schulten

zum Besuche der Königlichen vereinigten Maschinenbauschulen in Elberfeld-Barmen erkläre ich mich einverstanden und verpflichte mich, die Kosten des Schulbesuches mit Einschluß der Kosten für belehrende Ausflüge zu tragen.

Ferner erkläre ich hiermit, daß „für den Fall" mein Sohn *Wilhelm* bei den durch einen Lehrer der Königlichen vereinigten Maschinenbauschulen in Elberfeld-Barmen geleiteten Übungen in den Werkstätten oder Laboratorien, sowie bei Besuchen von anderen Betriebsstätten sich eine Verletzung zuziehen sollte, ich auf Forderungen aus dem Haftpflichtgesetz ausdrücklich Verzicht leiste.

Wiesbaden, den *5. Juni 1905.*

Unterschrift des gesetzlichen Vertreters:

Wilhelm Schulten sen.,
Rentner.

Bitte die letzte Seite zu beachten!

Einliegend folgende Papiere:

1. *Reifezeugnis für. Obersekunda.*

2. *Zeugnis von der Maschinenfabrik Wiesbaden,*

3. *Zeugnis der Elektrizitäts-A.-G. vorm. Lahmeyer & Co. in Frankfurt a. M.*

4. ---

5. ---

6. ---

---

[1]) Diese Rubriken sind auch bei der Anmeldung für die zweite Abteilung auszufüllen.

Aufnahmeliste Nr. [2]............

Königliche Vereinigte Maschinenbauschulen Elberfeld-Barmen.

Anmeldeschein

für

Abteilung II: Maschinenbauschule. [1])

Aufnahme mit Beginn des *Winter*-Semesters *1905/06.*

1. Vor- und Zuname: *Carl Schmitz.*
2. Konfession: *Katholisch.*
3. Geburtsort und -Jahr: *5. Oktober 1884.*
4. Geburtsort: *Elberfeld.* Kreis: *Elberfeld.*
5. Name und Stand des Vaters: *Friedrich Schmitz, Webermeister.*
   (bezw. Mutter, bezw. Vormund)
6. Jetziger Wohnort desselben: *Elberfeld, Güterstr. 212.*
   (nebst Straße und Nummer)
7. Zuletzt besuchte Schulen: *Volksschule in Elberfeld, Abend- und Sonntags-Schule der Kgl. verein. Maschinenbauschulen Elberfeld-Barmen.*
8. Dauer der praktischen Vorbildung in Monaten
   a) in der Werkstatt: *42 Monate.*
   b) im Zeichenbureau: *40 Monate.*
9. Genaue Adresse des Anmeldenden: *Carl Schmitz bei Herrn Webermeister Friedrich Schmitz, Elberfeld, Güterstr. 212.*

1. Dieser Schein ist bei **Anmeldung frankiert** an die **Direktion** zu senden.

2. Der Anmeldung sind die **Zeugnisse über die praktische Tätigkeit** sowie etwa vorhandene Schulzeugnisse beizufügen.

3. Die Anmeldungen finden nach der Reihenfolge ihres Eingangs Berücksichtigung.

[2]) 4. Der Unterricht beginnt am ...., den .... morgens .... Uhr. Der sich Anmeldende hat sich pünktlich zu diesem Termine einzufinden.

5. Beim Eintritt ist ein behördliches Führungszeugnis vorzulegen und das Schulgeld für das erste Quartal mit **15 M.** zu entrichten.

---

[1]) Diese Seite ist nur bei Anmeldung für die Abteilung II auszufüllen.
[2]) Diese Rubriken werden von der Direktion ausgefüllt.

Der Herr Minister für Handel und Gewerbe hat durch Erlaß vom **31.** Oktober 1903, J.-N. III b 1270, angeordnet, daß Schüler der staatlichen, oder staatlich unterstützten Fachschulen, welche sich an Vorträgen, praktischen Übungen, Unterrichtskursen oder wissenschaftlichen Ausflügen beteiligen, bei denen sie einer gewissen Unfallgefahr ausgesetzt sind, einer Zwangsversicherung gegen Unfall auf **ihre** Kosten unterworfen werden.

Infolge dieses Erlasses hat die Schule mit Genehmigung der Regierung eine Kollektiv-Versicherung mit dem „Allgemeinen deutschen Versicherungsverein in Stuttgart" abgeschlossen.

Hiernach beträgt die Versicherungsprämie pro Kopf und pro Semester einschl. der Stempelgebühr 1 M. 25 Pf.

Der Versicherungsverein zahlt bei eintretendem Todesfall 1000 M., bei eintretender gänzlicher Arbeitsunfähigkeit 15 000 M. und bei vorübergehender gänzlicher Arbeitsunfähigkeit 3 M. pro Tag.

Die Versicherung bezieht sich auch auf alle Unfälle, welche innerhalb des Schulgebäudes vorkommen.

Sie werden hiervon mit dem Bemerken in Kenntnis gesetzt, daß diese Prämiengebühr mit dem Schulgeld am Anfang des Semesters zu entrichten ist.

Um Unterbrechungen des Schulbesuches zu vermeiden, welche leicht die Wiederholung einer Klasse notwendig machen, müssen übungspflichtige Reservisten und Landwehrmänner möglichst **vor Eintritt** in die Schule bei ihrem Bezirkskommando Befreiung für die zweijährige Unterrichtsdauer nachsuchen, da Reklamationen seitens der Schule nach Ausgabe der Einberufungsbefehle häufig keinen Erfolg haben.

Der Direktor.

Der Anmeldeschein ist nur bis hier auszufüllen!

---

[1] Alle Zeugnisse, Papiere usw. zurück erhalten.

Elberfeld, den ------------------------ ------------- 19--------

----

[1] Diese Rubrik wird erst beim Abgang von der Schule ausgefüllt.